工程项目管理与成本核算系列丛书

装饰装修工程项目管理与成本核算

主 编 盖卫东

哈尔滨工业大学出版社

内 容 提 要

本书按照《建设工程项目管理规范》(GB/T 50326—2006)的要求,并结合最新的建筑工程标准规范编写。目的在于从实际出发,以项目的整个生命周期为主线,突出实际操作,注重标注化管理,并系统地阐述了工程项目会计核算实务与成本管理的方法。其主要内容有:装饰装修工程项目管理基本知识、装饰装修工程项目管理、装饰装修施工项目经理、装饰装修工程成本分析、建筑装饰装修工程项目竣工验收与后评价。

本书可供从事建筑装饰装修工作的有关人员学习参考,也可作为高等职业技术院校建筑装饰装修工程专业的教材或参考书。

图书在版编目(CIP)数据

装饰装修工程项目管理与成本核算/盖卫东主编. —哈尔滨:
哈尔滨工业大学出版社,2015.1
ISBN 978-7-5603-5079-0

Ⅰ.①装… Ⅱ.①盖… Ⅲ.①建筑装饰-工程装修-
建筑预算定额-高等学校-教材 Ⅳ.①TU723.3

中国版本图书馆 CIP 数据核字(2014)第 296465 号

策划编辑 郝庆多 段余男
责任编辑 王桂芝 段余男
封面设计 刘长友
出版发行 哈尔滨工业大学出版社
社 址 哈尔滨市南岗区复华四道街 10 号 邮编 150006
传 真 0451-86414749
网 址 http://hitpress.hit.edu.cn
印 刷 黑龙江省委党校印刷厂
开 本 787mm×1092mm 1/16 印张 10.75 字数 280 千字
版 次 2015 年 1 月第 1 版 2015 年 1 月第 1 次印刷
书 号 ISBN 978-7-5603-5079-0
定 价 25.00 元

编　委　会

主　编　盖卫东
参　编　黄莉莉　李　飞　杨珊珊　何　影
　　　　王　慧　任　艳　张　超　赵春娟
　　　　朱　琳　杨　杰　高记华　成育芳
　　　　张　健　白雅君

前　言

　　长久以来,建筑装饰装修施工一直是作为建筑工程施工的一个分部工程,很少单独将其提到重要位置。随着改革开放和国民经济的发展,建筑装饰装修工程获得了飞速发展,产生了巨大变化,特别是众多的专门从事高级装饰装修施工的企业应运而生,促使了建筑装饰装修工程成为一个跨行业、跨部门的新型行业而独立于建筑领域,成为建筑工程施工中一个独立的单位工程。

　　对于现代建筑装饰装修施工项目管理,特别是对于高级装饰装修工程施工项目管理,虽然是近些年才开始实践,尚处于摸索和探讨阶段,但建筑装饰装修工程项目管理已是建筑装饰装修施工企业管理的基础,它已成为一门应用科学,其理论研究也逐渐得到各方面的重视,并在实践中逐步取得经验,它将有力地推动建筑装饰装修施工项目管理科学化发展的进程。

　　本书可供从事建筑装饰装修工作的有关人员学习参考,也可作为高等职业技术院校建筑装饰装修工程专业的教材或参考书。

　　本书在编写过程中参考了有关文献和一些项目施工管理经验性文件,并且得到了许多专家和相关单位的关心与大力支持,在此表示衷心感谢。随着科技的发展,建筑技术也在不断进步,本书难免出现疏漏及不妥,恳请广大读者给予指正。

编　者

2014.02

目　录

1 装饰装修工程项目管理基本知识 ··· 1

　1.1 装饰装修工程项目管理 ··· 1

　1.2 装饰装修工程项目管理组织 ·· 3

2 装饰装修工程项目管理 ··· 11

　2.1 装饰装修工程项目进度控制 ·· 11

　2.2 装饰装修工程项目质量控制 ·· 23

　2.3 装饰装修工程项目技术管理与信息管理 ··· 42

　2.4 装饰装修工程项目合同管理 ·· 55

　2.5 装饰装修综合管理 ··· 84

3 装饰装修施工项目经理 ··· 109

　3.1 项目经理在工程项目中的地位与任务 ··· 109

　3.2 项目经理承包责任制和项目经理责任制 ·· 110

　3.3 施工项目经理的条件、素质和选择 ·· 112

4 装饰装修工程成本分析 ··· 113

　4.1 装饰装修工程费用 ··· 113

　4.2 装饰装修工程成本核算 ·· 121

　4.3 装饰装修工程成本分析 ·· 124

　4.4 装饰装修工程成本控制 ·· 126

　4.5 装饰装修工程成本计划的编制 ·· 135

　4.6 装饰装修工程项目资金管理 ·· 137

　4.7 装饰装修工程成本管理问题分析及对策探析 ··· 139

　4.8 工程价款支付 ··· 141

　4.9 建筑装饰装修工程项目竣工结算和决算 ·· 148

　4.10 案例分析 ··· 151

5 建筑装饰装修工程项目竣工验收与后评价 ··· 154

　5.1 建筑装饰装修工程项目竣工验收 ·· 154

　5.2 用户服务管理 ··· 158

　5.3 建筑装饰装修工程项目后评价 ·· 161

参考文献 ··· 164

1 装饰装修工程项目管理基本知识

1.1 装饰装修工程项目管理

1.1.1 项目管理

项目管理是指管理者运用系统工程的观点、理论和方法,为实现项目目标,在一定约束条件下所实施的全过程、全方位的规划、组织、控制、协调与监督。项目目标界定了项目管理的主要内容,即"三控三管一协调",其中三控是指质量控制、进度控制、成本控制,三管是指合同管理、安全管理、信息管理,一协调是指组织协调。

项目管理是知识、智力、技术密集型的管理。

1.1.2 装饰装修工程项目管理

装饰装修工程项目管理是项目管理的一种,是指在项目经理负责制的条件下,对建筑装饰装修施工活动进行有效的计划、组织、指挥、协调、控制,从而保证装饰装修施工活动能够顺利进行,履行施工承包合同和落实施工企业生产经营目标。

施工项目管理的主要特征是:要求以施工项目经理为中心;要求应采用现代管理方法和技术手段;要求强化组织协调和控制工作。

1.装饰装修工程项目管理的主要职能

(1)计划职能。

装饰装修工程项目管理的首要职能是计划。计划职能包括决定最后结果以及决定获取这些结果所需采用的适宜手段的全过程管理活动。可分为以下四个阶段:

①确定项目目标及其先后次序,在确定目标时,必须考虑三个因素,即目标的先后次序、目标实现的时间和目标的合理结构。

②预测对实现目标可能产生影响的未来事态,其结果通过预测,必须明确在计划期内,期望能够获得多少资源来支持计划中的活动。

③通过预算来执行,预算必须解决应包括的资源,预算各组成部分之间存在什么样的内在联系和应如何使用预算方法等问题。

④提出并贯彻指导实现预期目标的政策或准则,它是执行计划的主要手段。政策是反映一个组织的基本目标的说明,并为在整个组织中进行活动规定指导方针,说明怎样实现目标。在制定政策时,只有保持政策制定的灵活性、全面性、协调性和准确性,才能使政策更具实效。

综合上述四个阶段的工作结果,便可制定出一个全面的计划,它将引导建筑装饰装修施工项目的组织达到预定的目标。

(2)组织职能。

通过职责的划分、授权、合同的签订与执行，并运用各种规章制度，建立一个高效率的组织保证系统，以确保建筑装饰装修施工项目目标能够顺利实现。

（3）协调职能。

在建筑装饰装修施工的各个阶段、相关部门和相关层次之间存在着大量的结合部，这些结合部之间的协调和沟通是装饰装修工程项目管理的重要职能。

（4）控制职能。

控制职能是指装饰装修工程项目管理者为保证工作按计划完成而采取的一系列行动，它不仅限制了执行计划中的偏差，而且还要采取措施纠正偏差。

（5）监督职能。

业主对承包商，监理对承包单位，总承包单位对分包单位，管理层对作业层都存在着一个监督的问题。监督的依据可以是建筑装饰装修施工合同、计划、制度、规范、规程及各种质量标准等。监督职能是通过巡视、检查以及各种反映施工进度、质量、费用的报表、报告等信息，发现问题，及时纠正偏离目标的现象，目的是为了保证项目计划目标能够顺利实现，有效的监督是实现目标的重要手段。

2. 装饰装修工程项目管理的任务

装饰装修工程项目管理的任务是最优地实现项目的总目标，也就是用有限的资金和资源，以最佳的工期、最少的费用来满足工程质量要求，完成装饰装修施工任务，实现预定的目标。

3. 装饰装修工程项目管理的内容

在装饰装修工程项目管理过程中，为了取得各阶段目标和最终目标的实现，必须围绕组织、规划、控制、生产要素的配置、合同、信息等方面进行有效管理，其主要内容有以下几个方面：

（1）建立工程项目管理组织。

项目经理部的建立是实现项目管理的关键，特别是要选好项目经理及其他主要人员；根据装饰装修工程项目管理的需要，制定出施工项目管理的有关规章制度。

（2）做好工程项目管理规划。

装饰装修工程项目管理规划是对施工项目管理组织、内容、步骤进行重点预测和决策，并作出具体安排的纲领性文件。其内容包括：确定工程项目管理各阶段的控制目标，从局部到整体进行施工活动的控制管理；建立施工项目管理的工作体系，绘制施工项目管理工作体系图和工作信息流程图，以便实施管理。

（3）进行工程项目的目标控制。

施工项目的目标分为阶段性目标和最终目标两种。实现各项目标是工程项目管理的目的所在。在实现目标的过程中必须坚持以控制理论为指导，对工程项目全过程实行科学、系统的控制，主要包括质量控制、进度控制、成本控制和安全管理。除此之外，还要对施工中各种因素的干扰、风险因素的影响等进行分析和动态控制。

（4）工程项目生产要素的优化配置和动态管理。

工程项目的生产要素是装饰装修工程项目目标得以实现的保证，主要包括劳动管理、材料管理、机具设备管理三大要素。其管理的内容是：分析各项生产要素的特点，并按照一定的原则、方法，对工程项目生产要素进行优化配置，在装饰装修施工过程中对各项生产要素进行动态管理。

（5）工程项目的合同管理。

在市场经济条件下，建筑装饰装修施工活动是一项涉及面广、内容复杂的综合性经济活动，这种活动从投标报价开始并贯穿于工程项目管理的全过程。必须依法签订合同，企业应依法经营，并且要提高合同意识，用法律来保护自己的合法权益，同时通过认真履行合同来树立企业的良好信誉。

（6）工程项目的现场管理。

工程项目现场是建筑装饰装修产品形成的工场，它是装饰装修工程项目部组织与指挥施工的操作场地。工程项目现场管理的主要任务是对施工现场的场地进行安排、合理使用并与各种环境保持协调关系；同时对建筑装饰装修施工现场的生产活动进行指挥、协调和控制。

（7）工程项目的信息管理。

现代化的管理要依靠信息，在工程项目管理中为了能够及时准确地掌握信息和有效地运用信息，必须建立起一套科学的信息系统，包括信息的收集、分析、处理、储存和传递等管理活动，为了取得理想的信息管理效果，应依靠电子计算机等先进手段辅助进行。

1.2　装饰装修工程项目管理组织

1.2.1　装饰装修施工项目管理组织机构的设置

"组织"，一方面是指组织机构，即按照一定的领导体制、部门设置、层次划分、职责分工等构成的有机整体，其作用是用来处理人与人、人与事、人与物之间的关系；另一方面是指组织行为，即通过一定的权力和影响力对所需资源进行合理配置，其目的是实现组织目标。

1. 设置的原则

（1）目的性原则。

装饰装修工程项目组织机构设置的根本目的在于产生组织功能，实现装饰装修工程项目管理的总目标，从这一根本目标出发，就应做到因目标设事（项目），因事（项目）设机构定编制，按照编制设岗位定人员，以职责定制度授权力。

（2）职权和知识相结合的原则。

这一原则要求职能管理人员和专家必须拥有一些必要的职权，以便更有效地发挥作用，为组织管理服务。装饰装修工程项目管理人员可分为前线指挥人员和职能管理人员两类。前者拥有对下级实行指挥和命令的权力，为完成装饰装修工程项目的组织目标，对管辖的工作全面负责；后者是前线指挥人员的参谋，起着协助作用，他们只能对下级机构进行业务指导，提出建议和忠告，而不具有决策权，更不能对下级直接指挥和命令。要使职权与知识相结合，对前线指挥人员要强调尊重专业知识、尊重科学、长远考虑；对职能管理人员应强调尊重权力、重视管理、讲究经济效益。双方均应密切配合才有利于建筑装饰装修施工项目管理组织目标的实现。

（3）集权与分权相平衡的原则。

这一原则要求根据装饰装修工程项目管理组织机构的实际需要来决定集权和分权的程

度,无论是集权或分权,其出发点都是为了保证决策的迅速性、正确性以及有利于决策的实施。如果一个组织机构很容易就能获得信息并能迅速正确地做出决策,而且还能很快地传递到各个职能部门实施,则比较适合采用集权的形式;反之则宜采用分权的形式。

(4)弹性结构的原则。

所谓弹性是指组织机构的部门结构、人员的职责和职位都是可以变动的,以便保证知识与权力的结合以及集权与分权的平衡。弹性结构的原则包括以下两个方面的含义:

①部门结构具有弹性。要根据任务和完成装饰装修工程项目组织目标的需要,定期审查组织机构内任何一个部门存在的必要性,如已没必要存在,则应立即改组。另外,根据环境和任务的要求,临时成立施工班组,任务完成之后就解散。

②职位具有弹性。按任务和目标的需要设立职位,不按人设置,干部应定期更换,以便给更多的人提供施展才华的机会。

(5)精干高效的原则。

建立装饰装修工程项目管理组织体系,选配人员应力求精干高效,一专多能,一人多职。

(6)分工与协作相结合的原则。

分工与协作相结合是现代经济活动的需要,分工而不分家才能提高工作效率,并且能够全面有效地实现管理职能。

2.装饰装修工程项目经理部的作用及性质

(1)装饰装修工程项目经理部的作用。

装饰装修工程项目经理部是装饰装修工程项目管理的工作班子,置于项目经理的领导之下,为了充分发挥项目经理部在项目管理中的主导作用,应设置好、组建好、运转好项目经理部的组织机构,并且充分发挥其应有的作用。

①项目经理部是在项目经理的领导下,作为项目管理的组织机构,负责装饰装修工程项目从开工到竣工全过程的施工生产经营管理。它不仅是建筑装饰装修施工企业在某一装饰装修工程项目的管理层,同时,还对作业层起着管理和服务的双重作用。

②项目经理部是项目经理的办事机构,为项目经理的决策提供信息依据,当好参谋;同时,又要执行项目经理的决策意图,向项目经理全面负责。

③项目经理部有以下作用:

a.完成建筑装饰装修施工企业所赋予的基本任务。

b.凝聚管理人员的力量,调动其积极性。

c.协调部门之间、管理人员之间的关系,促进合作,贯彻组织责任制,为实现项目管理目标而努力工作。

④项目经理部是代表建筑装饰装修施工企业履行项目承包合同的主体,是对最终的建筑装饰装修产品的生产全过程负责的管理实体。

(2)装饰装修工程项目经理部的性质。

装饰装修工程项目经理部是建筑装饰装修施工企业内部相对独立的一个综合性责任单位。其性质包括以下三个方面的内容:

①项目经理部的相对独立性。这一性质是指项目经理部与企业之间存在着双重关系。一方面,建筑装饰装修施工项目经理部是建筑装饰装修施工企业的下属单位,两者是行政隶属关系,项目经理部要绝对服从企业的全面领导;另一方面,建筑装饰装修施工项目经理部

又是一个独立的利益代表,与施工企业之间形成一种经济承包或经济责任关系。

②项目经理部的综合性。它包括以下三个方面:

a.其管理的性质是综合的,既是施工企业的一级经济组织,又是施工企业的一级行政管理组织。

b.其管理的职能是综合的,它包括计划、组织、控制、协调、指挥等多个方面。

c.其管理的业务是综合的,从横向来看,包括人、财物、生产和经营活动;从纵向来看,包括施工项目从开工到竣工的全过程管理。

③项目经理部的单体性和临时性。这一性质是指项目经理部仅是建筑装饰装修施工企业的一个施工项目的责任单位,它随着建筑装饰装修施工项目的立项而成立,并随着施工项目管理任务的终结而解体。

(3)施工项目经理部的设置。

①施工项目经理部的设置原则。项目经理部是根据建筑装饰装修施工项目的规模、复杂程度和专业特点而设置的,它是具有弹性的一次性施工生产组织,可随施工任务的变化而进行调整,它不是一级固定的组织;同时,项目经理部人员的配置应面向施工现场,满足施工现场的计划与调度、技术与质量、成本与核算、劳务与物资、安全与文明施工的需要。

②施工项目经理部的机构设置。施工项目经理部是建筑装饰装修施工企业市场竞争的核心、管理的重心、成本核算的中心,是代表建筑装饰装修施工企业履行合同并且实施管理的实体。

根据这一指导思想,对于小型施工项目的项目经理部可组成"一长一师五大员"的模式。一长即是指项目经理;一师即是指项目工程师;五大员即是指项目经济员、合同管理员、施工技术员、料具员和总务员。其中包括建筑装饰装修施工项目管理所必需的预算、成本、合同、技术、施工、质量、安全、机械、材料、档案、场容、后勤等多种管理职能。

对于大中型项目的项目经理部,则可以考虑由以下主要业务部门组成:

a.经营核算部门。主要负责合同管理、预算、资金收入、成本核算与控制、劳动配置、工程分包、外部协调关系等工作。

b.工程技术部门。主要负责施工生产调度、技术管理、施工组织设计、进度控制、文明施工、测量、试验、计量、计划、统计等工作。

c.物资设备部门。主要负责材料的询价、采购、管理、计划供应,设备及工器具的供应、管理等工作。

d.监控管理部门。主要负责工程质量、安全、环境保护的检查、监督和控制等工作。

e.生活服务部门。主要负责生活保障、后勤管理、治安保卫等工作。

总之,项目经理部的设置必须功能完备、具有弹性,同时又是精干、高效、分工协作的,并充分体现责权利统一的原则。

1.2.2 装饰装修工程项目管理的内容

1. 全面计划管理

全面计划管理是指企业在国家计划的指导下,根据企业生产经营的实际情况,对企业的技术、质量、物资、财务等所有专业工作全面实施严格的计划管理,并且建立一套完整的计划管理体系,从而保证最优地实现企业的经营总目标。通过全面计划管理,能够落实企业的经营目标和各项施工生产任务,使企业生产经营有节奏、有秩序地按照统一计划进行。在全面计划管理的控制下,各方面工作得以协调配合,目标一致。

2. 全面质量管理

装饰装修产品的生产同时也是商品的生产,装饰装修施工企业要为社会提供合格的商品,就必须认真推行全面质量管理,保证产品的质量能够满足社会的需要。

3. 生产要素管理

为使企业的工程施工得以正常、连续、有效地进行,从而保证企业目标的实现,必须加强对生产中各个要素的管理。生产要素管理包括对技术、人员、材料、机械(机具和工具)和资金的管理等。

4. 全面成本管理和全面经济核算

装饰装修产品的价值是由产品生产过程中的社会必要劳动消耗所决定的,通过全面成本管理和全面经济核算来控制工程施工过程中的劳动消耗和资金占用,提高企业的经济效益。

5. 建立经济责任制体系

施工企业通过建立经济责任制体系,可以使企业目标和计划落实到各部门、各班组乃至每个施工工作岗位,使企业的每个职工都对自己的工作负责,并且承担一定的经济责任,从而以最少的劳动消耗,取得最大的工作效果,以保证实现最高的经济效益。

1.2.3 装饰装修工程项目管理组织机构的主要形式

项目组织机构的形式不同,其在处理层次、跨度、部门设置和上下级关系的方式也不相同。建筑装饰装修工程项目组织机构的主要形式包括以下几种:

1. 工作队式项目组织

这种形式的项目经理在企业内部招聘,项目的管理机构(工作队)由企业职能部门抽调职能人员组成,并由项目经理直接指挥,如图1.1所示。

工作队式组织形式具有以下特点:

(1)项目管理班子的成员来自各职能部门,并与原所在部门脱钩。原部门负责人员仅负责业务指导及考察,而不能随意干预其工作或调回人员。项目与企业职能部门之间的关系弱化,减少了行政干预。项目经理权力集中,运用权力的干扰少,决策及时,指挥灵活。

(2)各方面的专家现场集中办公,减少了扯皮等待时间,办事效率高。

(3)由于项目管理成员来自各个职能部门,在项目管理中配合工作,有利于取长补短,培养一专多能人才并发挥其作用。

(4)职能部门的优势不易发挥,从而削弱了职能部门的作用。

(5)各类人员来自不同的部门,专业背景不同,可能会有配合不利的问题产生。

(6)各类人员在项目寿命周期内只能为该项目服务,对稀缺专业人才不能在企业内调剂使用,否则将会导致人员浪费。

(7)项目结束后,所有人员均回到原部门和岗位,人员有时会产生"临时性"的意识,影响工作情绪。

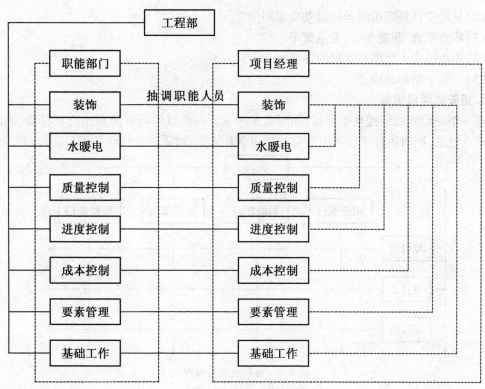

图 1.1　工作队式项目组织

2.直线职能式项目组织

直线职能式项目组织是一种按照职能原则建立起来的项目组织,它并不打乱企业现行的建制,而是把项目委托给企业的某一专业部门或某一施工队,由被委托的部门或施工队领导,在本单位组织人员负责实施的项目组织,项目终止后恢复原职,如图 1.2 所示。

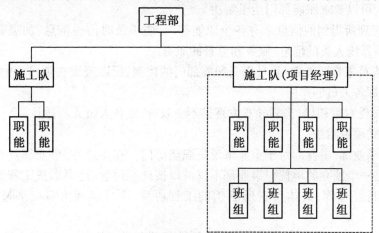

图 1.2　直线职能式项目组织

直线职能式组织形式具有以下特点:

(1)由于各类人员均来自同一专业部门或施工队,相互之间比较熟悉,关系协调,易发挥人才作用。

（2）从接受任务到组织运转启动所需时间短。

（3）职责明确,职能专一,关系简单。

（4）不能适应大型项目管理的需要。

（5）不利于精简机构。

3. 矩阵式项目组织

这一组织形式的结构呈矩阵状,如图 1.3 所示。各项目的项目经理由公司任命,职能部门是永久性的,同时为各项目派出相应的项目管理人员,对项目进行业务指导。

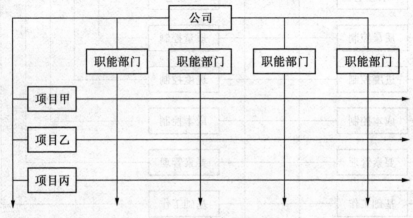

图 1.3　矩阵式项目组织

矩阵式组织形式具有以下特点:

（1）矩阵中的每个成员或部门接受原部门负责人和项目经理的双重领导。部门负责人有权根据不同项目的需要和忙闲程度,在项目之间调配本部门人员。专业人员可能同时为几个项目服务,特殊人才可充分发挥作用,大大提高了人才利用率。

（2）项目经理对调配到本项目经理部的成员有控制权和使用权,当感到人力不足或某些成员不得力时,可以要求职能部门给予解决。

（3）项目经理所得到的信息来自各个职能部门,便于及时沟通信息,加强业务系统化管理,发挥各项目系统人员的信息、服务和监督的职责。

（4）由于人员来自职能部门,且仍受职能部门的控制,所以凝聚在项目上的力量减弱,往往难以充分发挥各人员的作用。

（5）各人员受双重领导,当领导双方意见不一致时,使各人员无所适从。

4. 事业部式项目组织

企业成立事业部,事业部对于企业来说是职能部门。在企业外,事业部具有相对独立的经营权,可以是一个独立的单位。事业部不仅可以按地区设置,还可以按工程类型设置。事业部下设置项目经理部,具体负责所承担的工程项目,项目经理由事业部选派,如图 1.4 所示。

事业部式项目组织的特点是有利于企业延伸经营范围,扩大企业经营业务,有利于迅速适应环境变化,提高企业的应变能力,但由于企业对项目经理部的约束力减少了,故协调指导的机会也就减少了。

一个工程项目应选择哪种项目组织形式应由企业做出决策,要将企业的综合素质、管理水平、战略决策、基础条件等与项目的规模、性质、环境等结合起来进行综合考虑。一般可按下列思路进行选择：

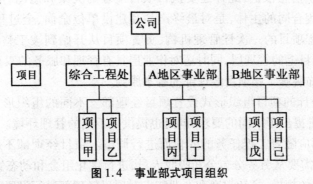

图1.4　事业部式项目组织

（1）大型综合企业的人员素质高、管理水平高、业务综合性强，能够承担大型任务，宜采用矩阵式、工作队式、事业部式的项目组织形式。

（2）简单项目、小型项目、承包内容专一的项目应采用直线职能式项目组织形式。

（3）同一企业内可根据项目情况采用几种组织形式，但要注意避免造成管理渠道和管理秩序的混乱。

选择项目组织形式时应考虑项目性质、企业类型、企业人员素质及企业管理水平等几个参考因素，具体见表1.1。

表1.1　选择项目组织形式的参考因素

项目组织形式	项目性质	企业类型	企业人员素质	企业管理水平
工作队式	大型项目、复杂项目、工期紧的项目	大型综合建筑企业、项目经理能力较强的企业	人员素质较高、专业人才多、职工技术素质较高	管理水平较高、基础工作较强、管理经验丰富
直线职能式	小型项目、简单项目、只涉及个别少数部门的项目	小建筑企业、任务单一的企业、大中型基本保持直线职能的企业	素质较差、力量薄弱、人员构成单一	管理水平较低、基础工作较差、缺乏有经验的项目经理
矩阵式	多工种、多部门、多技术配合的项目，管理效率要求很高的项目	大型综合建筑企业，经营范围很宽、实力很强的建筑企业	文化素质、管理素质、技术素质高，管理人才多，人员一专多能	管理水平很高、管理渠道畅通、信息沟通灵敏、管理经验丰富
事业部式	大型项目、远离企业基地项目、事业部制企业承揽的项目	大型综合建筑企业、经营能力很强的企业、海外承包企业、跨地区承包企业	人员素质高、项目经理能力强、专业人才多	经营能力强、信息手段强、管理经验丰富、资金实力雄厚

1.2.4　装饰装修工程项目经理部的组建与解体

项目经理部是项目管理的工作班子，由项目经理直接领导，是项目经理的办事机构，为项目经理的决策提供信息依据,此外还要执行项目经理的决策和意图。项目经理部同时也是代表企业履行工程合同的主体,是对最终产品和建设单位全面、全过程负责的管理实体。项目经理部作为工程项目的一次性管理机构,负责项目从开始到竣工整个过程中的生产经营管理,是企业在项目上的管理层,同时还对作业层具有管理和服务的双重职能。

1. 建立建筑装饰装修工程项目经理部的基本原则

(1)要根据所设计的项目组织形式设置项目经理部。不同的组织形式对项目经理部的管理力量和管理职责提出了不同的要求,同时也提供了不同的管理环境。

(2)项目经理部应随着工程任务的变化而进行调整。项目经理部不应有固定的作业队伍,而应根据项目的需要从劳务分包公司吸收人员,进行优化组合和动态管理。

(3)要根据项目的规模、复杂程度和专业特点对项目经理部进行设置。

(4)项目经理部的人员配备应面向现场,以满足现场生产经营的需要为目的。

(5)在项目管理机构建成以后,应建立有益于组织运转的工作制度。

2. 项目经理部的人员配备和部门设置

项目经理部的人员配备和部门设置的指导思想是:把项目经理部建设成为一个能够代表企业形象、面向市场的管理机构,真正成为企业加强项目管理、实现管理目标、全面履行合同的主体。

项目经理部的编制及人员配备应由项目经理、总工程师、总经济师、总会计师、政工师和技术、预算、劳资、定额、计划、质量、安全、计量及辅助生产人员组成。具体人员的配置应根据项目管理的实际情况、项目的使用性质和规模等综合确定。

项目经理部一般可设置五个部门,即经营核算部门、工程技术部门、物资设备部门、监控管理部门和测试计量部门。大型项目经理部还可设置后勤、安全等部门。项目经理部也可按照控制目标进行设置,如进度控制部门、质量控制部门、成本控制部门等。

3. 项目经理部的解体

项目经理部是一次性的且具有弹性的现场生产组织机构。项目竣工以后,项目经理部应及时解体并做好善后工作。项目经理部的解体应由项目经理部提出解体申请报告,经有关部门审核批准后执行。

(1)项目经理部解体的条件。

①工程已交工验收,并且完成竣工结算。

②与各分包单位已结算完毕。

③《项目管理目标责任书》已履行完毕,并经承包人审计合格。

④各项善后工作已与企业部门协商一致,并办理了有关手续。

(2)项目经理部解体后的善后工作。

①项目经理部剩余材料的处理。

②由于工作需要而由项目经理部自购的通信、办公等小型固定资产的处理。

③项目经理部的工程结算、价款回收及加工订货等债权债务的处理。

④项目的回访和保修。

⑤整个工程项目的盈亏评估、奖励和处罚等。

项目经理部的解体、善后工作结束以后,必须做到人走场清、账清、物清。

2 装饰装修工程项目管理

2.1 装饰装修工程项目进度控制

2.1.1 工程项目进度控制概述

工程项目的进度控制是项目管理的重要内容之一,它是以工程项目的计划进度为目标,按照施工项目进度计划及其实施要求,监督、检查项目实施过程中的动态变化,发现偏差并找出原因,及时采取有效措施或修改原计划的综合管理过程。进度控制与质量控制、成本控制一样,是施工项目中的重点控制目标之一,也是衡量项目管理水平的重要标志。

装饰装修工程项目进度控制是一项复杂的系统工程,也是一个动态的实施过程。

通过进度控制,不仅能够有效地缩短项目建设周期,减少各单位与部门之间的相互干扰,而且还能更好地落实施工单位的各项进度计划,合理使用资源,保证施工项目成本、进度和质量等目标的实现。其目的是确保装饰装修工程项目按照合同规定工期目标的实现或在保证施工质量和安全,且不增加实际成本的前提下,按期或提前完成装饰装修施工任务,防止因工期拖延而承担违约责任。

1. 工程项目进度控制的任务

工程项目进度控制的任务是:编制工程项目的进度计划并控制其执行;编制季度、月(旬)实施作业计划并控制其执行;编制各种物资资源计划、供应工作计划并控制其执行,从而确保所规定的各项进度目标的实现。

2. 影响施工进度的因素

装饰装修工程项目在实施过程中,不可避免地会受到多种内外因素的干扰。为了有效地控制施工进度,必须充分认识和估计可能影响施工进度的因素,以便事先采取必要的措施,消除其影响,使施工尽量按照原定的进度计划进行;当出现偏差时,应结合有关影响因素,分析其产生的原因,有针对性地进行补救,进而实现对施工进度的主动控制。

影响施工进度的主要因素有以下三种:

(1)内部因素。

①施工组织失误。对工程项目的特点和实现的条件判断失误,编制的施工进度计划不科学,贯彻进度计划不得力,流水施工组织不合理,劳动力和施工机具调配不当,施工平面布置及现场管理不严密,与外部相关单位的关系协调不善等,均会影响施工进度计划的顺利执行。

②技术性失误。由于低估了工程项目施工技术上的难度,而造成施工方案选择不当,技术措施跟不上,施工方法的选择或施工顺序的安排有误,施工中发生了质量事故、安全事故,或对于新技术、新工艺、新材料、新构造的采用缺乏经验等原因,不但难以保证施工进度,而且势必会影响工程质量。

由此可见,提高项目经理部的管理水平、技术水平,提高施工作业层的素质,都是极为重要的。

(2)外部因素。

①相关单位的协调配合。施工进度计划的顺利实施,靠的不仅是施工单位自身的素质,还需要相关单位的密切配合。相关单位主要包括:建设单位(业主)、监理单位、设计单位、总承包单位、资金贷款单位、材料设备供应部门、运输部门、供水供电部门及政府的有关主管部门等。

项目管理者不仅要抓紧对施工进度计划的控制,而且还必须十分重视并做好与上述各相关单位的协调配合工作,适时、适宜、妥善地处理好与这些单位之间的公共关系。否则,任何部门的配合失误,都会对项目的整体进度造成不利影响。

②项目设计方面。在设计方面影响进度计划的实施,或导致进度改变、施工停顿或拖后的因素很多。主要包括:图纸错误、不配套,出图不及时或设计方案变更;所定材料或构造做法不可行;建设单位(业主)或其主管部门在项目实施过程中改变了项目的原设计功能;增减工程量等。

③项目投资方面。建设单位(业主)不能按期拨付工程款或在施工中资金短缺,势必会影响施工进度。

④资源供应方面。如材料和设备不能按期供应,或供应的质量、规格不符合要求,运输延误,供水、供电不足或中断,劳动力、机械不能满足计划需要等,都会直接影响施工进度。

⑤施工条件的变化。施工过程中遇到的实际施工条件与设计的情况不符或估计不周,如结构质量、防水状况、结构及设备的进展情况、场地条件及自然气候异常等都会对施工进度产生影响,造成临时停工或返工。

对于上述各种外部因素,工程项目的管理者应以合同的形式明确施工条件的要求及有关方面的协作配合要求,在法律的约束和保护下,尽量避免和减少损失。向政府主管部门、职能部门进行申报、审批、签证等工作都需要一定的时间,这在编制进度计划时应进行充分考虑,留有余地。

(3)不可预见的因素。

施工过程中若出现意外事件,如地震、战争、严重自然灾害、火灾、重大工程事故、工人罢工、企业倒闭、社会动乱等,都会影响施工进度计划。这类情况不常发生,但一旦发生,影响将会是极大的。

综上所述,对于进度控制必须明确一个基本思想:计划的不变是相对的,变是绝对的;平衡是相对的,不平衡是绝对的。在计划的实施过程中应针对实际发生的和即将发生的变化采取对策,定期地、经常地调整进度计划。也就是说,施工应按照计划进行,计划应随着施工的变化而调整,否则就会失去计划对工程的指导作用。

3. 施工进度的控制措施

(1)组织措施。

组织措施是指落实各个层次的项目进度控制人员、具体任务和工作责任,建立进度控制的组织系统;根据施工项目的进展阶段、结构层次、规模大小、装饰档次、专业工种或合同结构等进行项目分解,确定其进度目标,建立控制目标体系;建立进度控制的协调工作制度,如检查时间、方法、协调会议召开的时间、参加人员等;对影响施工进度的干扰因素进行分析和预测。

（2）技术措施。

技术措施是指采用加快施工进度的先进施工技术，从而保证在进度调整以后，仍能如期竣工。它包括两方面内容：一是采用能保证质量、安全，经济可行的、快速的施工技术方法（包括新的工艺操作和机械设备），以提高生产效率；二是管理技术方法，包括流水作业方法、科学排序方法、网络计划技术和滚动计划方法等。

（3）合同措施。

合同措施是指以合同的形式来保证工期进度的实现。即保持总进度控制目标与合同总工期相一致；分包合同的工期与总包合同的工期相一致；供货、供电、运输、构配件加工等合同对施工项目提供服务配合的时间应与有关进度控制目标相一致、相协调。为了减少风险，在时间上应留有余地。

（4）经济措施。

经济措施是指实现施工进度计划的资金保证措施和有关进度控制的经济核算方法，它是控制进度目标的基础。如各种资源的及时供应、劳动分配和物质激励，都对施工进度控制目标的实现起着重要的作用。

（5）信息管理措施。

信息管理措施是指准确、及时、全面地收集施工实际进度的有关资料，与计划进度进行比较，进行分析和整理统计，并做出调整进度的决策，使其与预定的工期目标相一致。这就要求建立监测、分析、调整和反馈实际进度的信息传递程序，建立信息管理制度，及时沟通信息，进而实现连续的、动态的进度目标控制。实践证明，施工项目进度控制的过程实际上就是收集信息、整理信息、传递信息和使用这些信息进行决策的过程。在信息管理过程中，只有及时地发现影响进度的"控制点位"，才能有的放矢地做好协调工作。

4. 进度控制的基本方法

从总体上来说，施工项目进度控制的方法就是规划、控制和协调。规划是指确定施工项目总进度控制目标和分进度控制目标，并编制与其相对应的进度计划；控制是指在施工项目实施的全过程中，将施工实际进度与施工计划进度进行比较，对出现的偏差及时采取措施进行调整；协调是指项目部主动协调与施工有关的各单位、各部门之间的进度关系。

在实际操作中，可以采用以下几种控制进度的基本方法：

（1）实施动态循环控制。

施工项目的进度控制是一个动态的、不断循环的过程。

从项目施工开始，实际进度就出现了运动的轨迹，即进入了计划执行的动态过程。当实际进度按照计划进度进行时，二者相吻合；当实际进度与计划进度不一致时，便会产生超前或落后的偏差。因此，需要及时分析偏差产生的原因，采取相应的措施，调整原来的计划，使二者在新的起点上重合，继续按其进行施工活动，使实际工作按照计划进行。但是在新的干扰因素作用下，又会产生新的偏差，还需要进行新的调整。施工项目进度控制就是采用这种动态循环的控制方法来进行的。

（2）建立施工项目的计划、实施和控制系统。

①建立计划系统。在各种施工组织设计中所制定的施工进度计划的基础上，进一步加以完善，使其构成施工项目进度计划系统，这是对项目施工实行进度控制的首要条件。施工

项目进度计划系统主要是由施工项目总进度计划、单位工程施工进度计划、分部分项工程施工进度计划、季度和月(旬)作业计划等组成的。计划的编制对象由大到小,计划的作用由宏观控制到具体指导,计划的内容由粗到细。编制时从总体计划到局部计划,逐层对计划的控制目标进行分解,进而保证总体计划目标的实现和落实。执行计划时,从月(旬)作业计划开始实施,逐级按目标控制,以达到对施工项目的整体进度控制。

②建立计划实施的组织系统。施工项目进度计划的实施,是由施工全过程的各专业队伍,遵照计划规定的目标,去努力完成一个个任务;是由施工项目经理和有关劳动调配、材料设备、采购运输等各职能部门,全部按照施工进度规定的要求进行严格管理、落实和完成各自的任务来实现的。也就是说,施工组织的各级负责人,从项目经理到施工队长、班组长及其所属全体成员组成了施工项目实施的完整的组织系统。

③建立进度控制的组织系统。为了保证项目施工进度能够按照计划实施,必须设立一个项目进度检查控制系统。从公司经理、项目经理直到作业班组都应设有专门的职能部门或人员负责检查汇报、统计整理实际施工进度的资料,并与计划进度进行比较分析和对计划加以调整。当然,不同层次的人员负有不同的进度控制职责,他们分工协作,形成一个纵横连接的施工项目控制组织系统。事实上,有的领导既是进度计划的实施者也是控制者。实施是计划控制的落实,控制为保证计划按期实施。

(3)加强信息反馈工作。

信息反馈是施工项目进度控制的依据,施工的实际进度通过信息反馈给基层负责施工进度控制的工作人员,在分工的职责范围内,经过其加工,再将信息逐级向上反馈,直至主控制室,主控制室负责整理统计各方面的信息,经比较分析做出决策,调整进度计划,仍使其符合预定工期目标。如果不进行信息反馈,就无法进行计划控制。施工项目进度控制的过程就是信息反馈的过程。

(4)编制具有弹性的进度计划。

装饰装修工程项目的施工周期短、影响进度的因素多,其中有的已经被人们所掌握,根据统计经验可估计出影响的程度和出现的可能性,并可在确定进度目标时,进行实现目标的风险分析。在计划的编制者具备了这些知识和实践经验以后,编制施工进度计划时就会留有余地,使施工进度计划具有弹性。在进行施工项目进度控制时,就可以利用这些弹性来缩短有关工作的时间,或者改变它们之间的搭接关系,使检查之前拖延了工期的,通过缩短剩余计划工期的时间,仍可达到预期的计划目标。这就是施工项目进度控制中对弹性原则的应用。

(5)采用网络计划技术。

在施工项目进度的控制中可利用网络计划技术原理来编制进度计划,根据收集到的实际进度信息,比较和分析进度计划,又可利用网络计划的工期优化、工期与成本优化和资源优化的理论来调整计划。因此可以说,网络计划技术是施工项目进度控制和分析计算的基本方法。

2.1.2　施工项目进度计划的贯彻与实施

施工项目进度计划的贯彻与实施是指按照施工进度计划开展施工活动,落实并完成计划。施工项目进度计划逐步实施的过程实际上就是工程项目逐步完成的过程。为了保证施工进度计划的实施,使各项施工活动尽量按照编制的进度计划所安排的顺序和时间有秩序地进行,保证各阶段进度目标和总进度目标的实现,应做好以下工作:

1. 施工项目进度计划的贯彻

(1)检查各层次的计划,形成严密的计划保证体系。

施工项目各层次的施工进度计划主要包括施工总进度计划、单位工程施工进度计划、分部分项工程施工进度计划,这些计划都是围绕着一个总任务而编写的。它们之间的关系是:高层次计划是低层次计划的编制和控制依据,低层次计划是高层次计划的深入和具体化。在贯彻执行各计划时,应首先检查它们之间是否紧密配合、协调一致,计划目标是否层层分解、互相衔接,在施工顺序、空间安排、时间安排、资源供应等方面有无矛盾,进而组成一个可靠的计划实施的保证体系,并以施工任务书的方式下达到各施工队组,以保证计划的实施。

(2)层层签订承包合同或下达施工任务书。

总承包单位与各分包单位、单位与项目经理、施工队与作业班组之间都应分别签订承包合同,并且按照计划目标明确规定合同工期及相互承担的经济责任、权限和利益。施工单位内部也可采用下达施工任务书的形式,将作业任务和时间要求下达到施工班组,以明确具体的施工任务和劳动量、技术措施、质量要求等内容,使施工班组能够按照作业计划的要求保证完成规定的任务。

(3)全面和层层实行计划交底,使全体工作人员共同实施计划。

施工进度计划的实施是全体工作人员的共同行动,要使有关人员都能明确各项计划的目标、任务、实施方案和措施,使管理层和作业层协调一致,将计划变成全体员工的自觉行动,充分调动和发挥每个员工的积极性和创造精神。因此,在计划实施之前,必须进行计划交底工作,根据计划的范围和内容,层层交底落实,从而使施工有计划、有步骤,连续、均衡地进行。

2. 施工项目进度计划的实施

施工项目进度计划在实施中应重点抓好以下几项工作:

(1)编制月(旬)作业计划。

施工进度计划是在施工之前编制的,虽然其目的是用于具体指导施工,但是毕竟仅考虑了影响工期的主要施工过程,而且内容比较粗略;同时,现场情况又在不断地发生着较为复杂的变化。因此,在计划执行中还需编制短期的、更为具体的执行计划,这就是月(旬)作业计划。

为了实施施工进度计划,将规定的任务与现场施工条件(如施工现场的情况,材料、能源、劳动力、机械等资源条件和施工的实际进度等)相结合,在施工开始前和过程中逐步编制本月(旬)的作业计划,这样便可使施工计划更具体、更切实可行。可以说,月(旬)计划是施工队组进行施工的直接依据,同时也是改进施工现场管理和执行施工进度计划的关键措施。施工进度计划只有通过作业计划才能下达给工人,才有可能实现。

施工作业计划可分为月作业计划和旬作业计划,一般均由三部分组成。

①本月(旬)内应完成的施工任务。这部分内容主要是确定施工进度,列出计划期间内应完成的工程项目和实物工程量、开竣工日期以及形象进度的安排。该部分是编制其他部分的依据。

②完成计划任务的资源需要量。这部分内容是根据计划施工任务编制出的材料、劳动

力、机具、构配件及加工品等的需要量计划。

③提高劳动生产率和降低成本的措施。这部分内容是以施工组织设计中的技术组织措施为依据,结合月(旬)计划的具体施工情况,制定切实可行的提高劳动生产率和节约的技术组织措施。

月(旬)作业进度计划可用横道图来表示,也可按照网络计划的形式进行编制。实际上可以截取时标网络计划的一部分,根据实际情况对其加以调整并进一步细分和具体化,这种形式对计划的控制将更为方便,且有利于管理。作业计划的编制必须与工程实际和修正的网络计划紧密结合,提出初步的作业计划建议指标,征求各有关施工队组的意见,然后进行综合平衡,并对施工中的薄弱环节采取有效措施。

作业计划的编制应满足三个条件:一是做好同时施工的不同施工过程之间的平衡协调;二是对施工项目进度计划实行分期实施;三是施工项目的分解必须满足指导作业的要求,应划分至工序,并明确进度日程。作业计划编制完成以后应通过施工任务书下达给施工队组。

(2)签发施工任务书。

编制好月(旬)作业计划以后则需将每项具体任务通过签发施工任务书的方式使其进一步得到落实。施工任务书是基层施工单位向施工班(组)下达任务的计划技术文件,也是实行责任承包、全面管理,进行经济核算的原始凭证,因此它是计划和实施两个环节之间的纽带。

施工任务书的内容主要包括以下几个方面:

①施工班(组)应完成的工程任务、工程量,完成该任务的开、竣工日期和施工日历进度表。

②完成工程任务的资源需要量。

③完成工程任务所采用的施工方法,技术组织措施,工程质量、安全和节约措施的各项指标。

④登记卡和记录单,如限额领料单、记工单等。

由此可见,施工任务书充分贯彻和反映了作业计划的全部指标,是保证作业计划执行的基本文件。施工任务书应该比作业计划更加简单、扼要,以便于工人领会和掌握,因此一般采用表格形式。

(3)做好施工进度记录,掌握现场实际情况。

在计划任务完成的过程中,各级施工进度计划的执行者都要实事求是地跟踪做好施工记录,如实记载计划执行每项工作的开始日期、工作进程和完成日期。其作用是为项目进度检查、分析、调整、总结提供信息和资料。

(4)做好施工中的调度工作。

施工调度是组织施工中各阶段、各环节、各专业、各工种之间互相配合、协调进度的指挥核心。调度工作是保证施工按照进度计划顺利实施的重要手段。其主要任务是掌握计划实施的情况,协调各方面的协作配合关系,并采取措施,排除施工中出现的各种矛盾和问题,消除薄弱环节,实现动态平衡,保证作业计划的完成,以实现进度控制目标。因此,必须建立强有力的施工生产调度部门或调度网,并充分发挥它的枢纽作用。

调度工作的主要内容包括以下几个方面:

①监督作业计划的实施,调整和协调各方面的进度关系。

②监督检查施工准备工作。

③督促资源供应单位按照计划供应劳动力、施工机具、运输车辆、材料和构配件等,并对临时出现的问题采取调配措施。

④按照施工平面图对施工现场进行管理,结合实际情况进行必要的调整,保证文明施工。

⑤了解气候及水、电的供应情况,采取相应的防范和保证措施。

⑥及时发现和处理施工中各类事故和意外事件,消除薄弱环节。

⑦定期召开现场调度会议,贯彻施工项目主管人员的决策,发布调度令。

调度工作必须以作业计划和现场实际情况为依据,并应从施工全局出发,按照政策和规章制度办事;调度工作要及时、准确、灵活、果断。

2.1.3　工程实际进度与计划进度的比较

施工项目进度比较与计划调整是实施进度控制的主要环节。计划是否需要调整以及如何调整,必须以施工实际进度与计划进度进行比较分析后的结果作为依据和前提。因此,施工项目进度比较分析是进行计划调整的基础。常用的比较方法有以下几种:

1.横道图比较法

横道图比较法是指将项目实施过程中检查实际进度而收集到的数据,经过加工整理以后直接用横道线平行绘于原计划的横道线处,进行实际进度与计划进度的比较。采用横道图比较法,能够形象、直观地反映实际进度与计划进度的比较情况。

例如,某建筑装饰装修工程的计划进度和截止到第10天末的实际进度如图2.1所示。

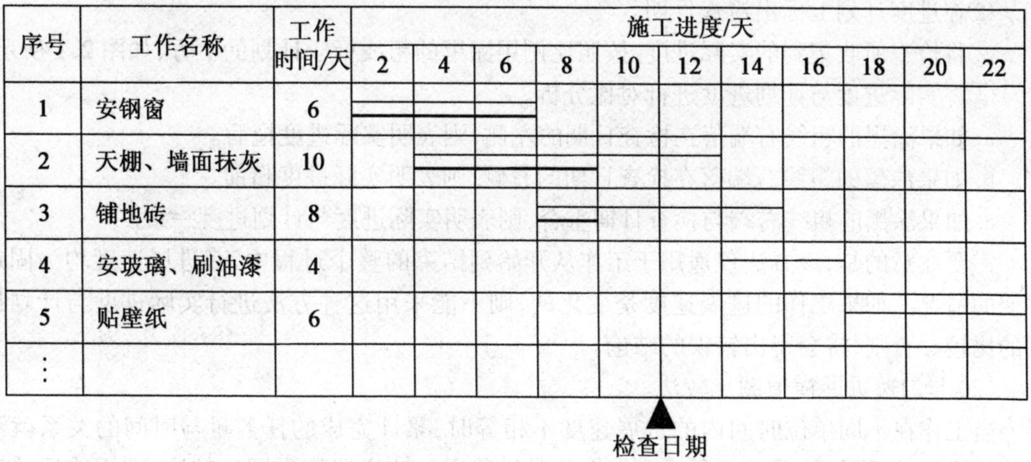

序号	工作名称	工作时间/天	施工进度/天										
			2	4	6	8	10	12	14	16	18	20	22
1	安钢窗	6											
2	天棚、墙面抹灰	10											
3	铺地砖	8											
4	安玻璃、刷油漆	4											
5	贴壁纸	6											
⋮													

检查日期

图2.1　某工程实际进度与计划进度的比较

——————计划进度　　————实际进度

从图2.1中可以看出,在第10天末进行施工进度检查时,安钢窗工作已经按期完成;天棚、墙面抹灰工作按计划应完成80%,但实际只完成了60%,任务量拖欠达20%。铺地砖工作按计划应该完成50%,而实际只完成了25%,任务量拖欠达25%。根据各项工作的进度偏差,进度控制者可以采取相应的纠偏措施对进度计划进行调整,以确保该工程能够按期完成。

图2.1所表达的比较方法仅适用于工程项目中的各项工作都是均匀进展(每项工作在

单位时间内完成的任务量都相等)的情况。而事实上,工程项目中各项工作的进展不一定都是匀速的。根据工程项目中各项工作的进展是否匀速,可分别采用以下两种方法进行实际进度与计划进度的比较。

(1)匀速进展横道图比较法。

匀速进展是指在工程项目中,每项工作在单位时间内完成的任务量都是相等的,也就是说工作的进展速度是均匀的。此时,每项工作累计完成的任务量与时间呈线性关系,如图2.2所示。完成的任务量可采用实物工程量、劳动消耗量或费用支出来表示。为了方便比较,通常用上述物理量的百分比来表示。

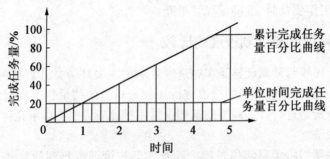

图2.2　工作匀速进展时任务量与时间关系曲线

采用匀速进展横道图比较法的具体步骤如下:

①编制横道图进度计划。

②在进度计划上标出检查日期。

③将检查所收集到的实际进度,按照比例用涂黑的粗线标于计划的下方,如图2.1所示。

④将实际进度与计划进度进行对比分析。

a.如果涂黑的粗线右端落在检查日期的左侧,则表明实际进度拖后。

b.如果涂黑的粗线右端落在检查日期的右侧,则表明实际进度超前。

c.如果涂黑的粗线右端与检查日期重合,则表明实际进度与计划进度一致。

需要注意的是,该方法仅适用于工作从开始到结束的整个过程中,其进展速度均为固定不变的情况。如果工作的进展速度是变化的,则不能采用这种方法进行实际进度与计划进度的比较。否则,将会得出错误的结论。

(2)非匀速进展横道图比较法。

当工作在不同单位时间内的进展速度不相等时,累计完成的任务量与时间的关系就不可能是线性关系了,如图2.3所示。如果此时仍采用匀速进展横道图比较法,则不能反映实际进度与计划进度的对比情况,因此应采用非匀速进展横道图比较法进行工作实际进度与计划进度的比较。

非匀速进展横道图比较法在用涂黑粗线表示工作实际进度的同时,还需要标出其对应时刻所完成任务量的累计百分比,并将该百分比与其同时刻计划完成任务量的累计百分比相比,判断工作实际进度与计划进度之间的关系。

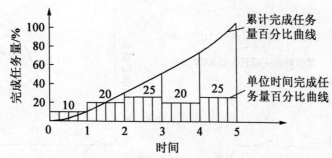

图2.3　工作非匀速进展时任务量与时间关系曲线

采用非匀速进展横道图比较法的具体步骤如下：

①编制横道图进度计划。

②在横道线上方标出各主要时间工作的计划完成任务量累计百分比。

③在横道线下方标出相应时间工作的实际完成任务量累计百分比。

④用涂黑粗线标出工作的实际进度。从开始之日标起，同时还要反映出该工作在实施过程中的连续和间断情况。

⑤通过比较同一时刻实际完成任务量累计百分比和计划完成任务量累计百分比，来判断工作实际进度与计划进度之间的关系。

a.如果同一时刻横道线上方的累计百分比大于横道线下方的累计百分比，则表明实际进度拖后，拖欠的任务量为两者之差。

b.如果同一时刻横道线上方的累计百分比小于横道线下方的累计百分比，则表明实际进度超前，超前的任务量为两者之差。

c.如果同一时刻横道线上、下方的两个累计百分比相等，则表明实际进度与计划进度一致。

由此可以看出，由于工作进展速度是变化的，所以在图中的横道线无论是计划的还是实际的，都只能表示工作的开始时间、完成时间和持续时间，并不能表示计划完成的任务量和实际完成的任务量。此外，采用非匀速进展横道图比较法不仅可以进行某一时刻（如检查日期）实际进度与计划进度的比较，而且还能进行某一时间段实际进度与计划进度的比较。当然，这需要实施部门按照规定的时间记录当时的任务完成情况。

2. S 曲线比较法

S 曲线比较法是以横坐标表示时间，纵坐标表示累计完成任务量，绘制一条按照计划时间累计完成任务量的 S 曲线，然后将工程项目实施过程中各检查时间实际累计完成任务量的 S 曲线也绘制在同一个坐标系中，进行实际进度与计划进度相比较的一种方法。

从整个工程项目实际进展的全过程来看，单位时间投入的资源量一般是开始和结束时较少，中间阶段则较多。相应的，单位时间完成的任务量也有同样的变化规律，如图 2.4（a）所示，随工程进展累计完成的任务量呈 S 形变化，如图 2.4（b）所示。

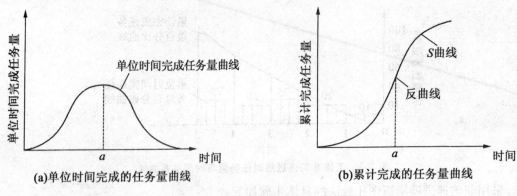

图2.4　时间与完成任务量关系曲线

3.前锋线比较法

前锋线比较法是通过绘制某检查时刻工程项目实际进度前锋线,进行工程实际进度与计划进度相比较的方法,主要适用于时标网络计划。所谓前锋线,是指在原时标网络计划上,从检查时刻的时标点出发,用点划线依次将各项工作实际进展的位置点连接而成的一条折线。前锋线比较法就是通过实际进度的前锋线与原进度计划中各工作箭线交点的位置来判定施工实际进度与计划进度之间的偏差,进而判定该偏差对后续工作及总工期所产生的影响程度的一种方法。

采用前锋线比较法进行实际进度与计划进度的比较,应按照下列步骤进行:

(1)绘制时标网络计划图。工程实际进度前锋线是在时标网络计划图上标出的,为了清楚起见,可在时标网络计划的上、下两方各设一时间坐标。

(2)绘制实际进度前锋线。从时标网络计划图上方时间坐标的检查日期开始绘制,然后依次连接相邻工作的实际进展点,最后与时标网络计划图下方坐标的检查日期相连接。

(3)进行实际进度与计划进度的比较。前锋线可以直观地反映出检查日期有关工作实际进度与计划进度之间的关系。一般有以下三种情况:

①工作实际进展位置点落在检查日期的左侧,表明该工作实际进度拖后,拖后的时间为两者之差。

②工作实际进展位置点落在检查日期的右侧,表明该工作实际进度超前,超前的时间为两者之差。

③工作实际进展位置点与检查日期相重合,表明该工作实际进度与计划进度一致。

(4)预测进度偏差对后续工作及总工期的影响。通过实际进度与计划进度的比较确定进度偏差以后,还可根据工作的自由时差和总时差来预测该进度偏差对后续工作及项目总工期所产生的影响。由此可见,前锋线比较法既适用于工作实际进度与计划进度之间的局部比较,又可用来分析和预测工程项目整体进度的状况。

4.列表比较法

当工程进度计划以非时标网络图表示时,可采用列表比较法进行实际进度与计划进度的比较。列表比较法是记录检查日期应进行的工作名称及已经作业的时间,然后列表计算出有关时间参数,并根据工作总时差进行实际进度与计划进度相比较的方法。

采用列表比较法进行实际进度与计划进度的比较,应按照下列步骤进行:

(1)对于实际进度检查计划日期应该进行的工作,根据已经作业的时间,确定其尚需作业时间。

(2)根据原进度计划计算检查日期应该进行的工作从检查日期到原计划最迟完成时尚余时间。

(3)计算工作尚有总时差,其值等于工作从检查日期到原计划最迟完成时间尚余时间与该工作尚需作业时间之差。

(4)比较实际进度与计划进度,可能会有以下几种情况产生:

①如果工作尚有总时差等于原有总时差,则说明该工作实际进度与计划进度一致。

②如果工作尚有总时差大于原有总时差,则说明该工作实际进度超前。超前的时间为两者之差。

③如果工作尚有总时差小于原有总时差,且仍为非负值,则说明该工作实际进度拖后。拖后的时间为两者之差,且不影响总工期。

④如果工作尚有总时差小于原有总时差,且为负值,则说明该工作实际进度拖后。拖后的时间为两者之差。此时,工作实际进度偏差将影响总工期。

2.1.4　工程项目进度计划的调整

1. 分析进度偏差产生的影响

通过跟踪记录实际进度并进行进度比较,就可以判断出实际进度与计划进度是否产生了偏差;当判断出现进度偏差时,应首先分析该偏差对后续工作和总工期的影响程度,然后才能决定是否需要调整以及调整的方法和措施。

具体的分析步骤如下:

(1)分析出现进度偏差的工作是否为关键工作。

如果出现进度偏差的工作为关键工作则无论偏差大小,都会对后续工作及总工期产生影响,因此必须采取相应的调整措施。如果出现进度偏差的工作不是关键工作,则需要进一步根据偏差值与总时差和自由时差进行比较分析,最终确定对后续工作和总工期的影响程度,即转入下一步。

(2)分析进度偏差是否大于总时差。

如果工作的进度偏差大于该工作的总时差,则说明此工作产生的偏差势必会影响到后续工作及总工期,因此必须采取相应的调整措施。如果工作的进度偏差小于或等于该工作的总时差,则说明此偏差对总工期不产生影响,但它对后续工作的影响程度,就需要进一步地分析此偏差与自由时差的大小关系才能确定,因此需要进行下一步分析。

(3)分析进度偏差是否大于自由时差。

如果工作的进度偏差大于该工作的自由时差,则说明此偏差势必会对后续工作产生影响,其调整方法应根据后续工作允许影响的程度来确定。如果工作的进度偏差小于或等于该工作的自由时差,则说明此偏差对后续工作不产生影响,因此可以不对原计划进行调整。

经过上述分析,进度控制人员便可根据对后续工作的不同影响来决定应调整产生进度偏差的工作和调整偏差值的大小,以及应采取的调整措施,从而获得符合实际进度情况和计划目标的新进度计划,并用于指导工程项目的施工。

2. 进度计划实施中的调整方法

为了实现进度目标,对于上述经过分析需要进行调整的进度偏差,应确定调整原进度计划的方法。但可采用的调整方案可能有多种,选择时,应先对实施的进度计划进行分析,然后再确定一个符合实际、切实可行的较优方案。进度调整的方法主要有以下两种:

(1)改变某些工作之间的逻辑关系。

如果检查的实际施工进度所产生的偏差影响了总工期,而且是在工作之间的逻辑关系允许改变的情况下,可采取此种方法。也就是通过改变关键线路和超过计划工期的非关键线路上的有关工作之间的逻辑关系,以达到缩短工期的目的。这种调整方法,对于缩短工期、合理利用资源的效果都是非常显著的。例如,将依次施工(即顺序施工)的某些工作改变成平行施工,或改变成搭接施工,或改变成分为若干个施工段的流水施工等,它们都能够达到缩短工期的目的。

(2)缩短某些工作的持续时间。

这种调整方法与上述方法不同,它主要着眼于对关键线路上各工作本身的调整,而不改变工作之间的逻辑关系。它仅通过压缩某些工作的持续时间,而使施工进度加快和工期缩短。

选择被压缩持续时间的工作应根据下列线索和要求来确定:

①在实施中仍为关键线路上的工作。

②由于实际施工进度的拖延而变为关键线路上的工作。

③当关键线路同时有若干条时,要想缩短工期,就必须同时压缩这若干条关键线路上的工作。

④选择的工作必须是可压缩持续时间的工作。

2.1.5 案例分析

【背景材料】

某项目有 5 幢房屋的抹灰工程,每幢房屋作为一个施工段。施工过程划分为顶棚抹灰、墙面抹灰和楼面抹灰,在各幢房屋的持续时间分别为 2 天、4 天、6 天。

【问题】

(1)如果该工程的资源供应能够满足要求,为加快施工进度,该工程可按照什么样的流水施工方式组织施工?试计算该种流水施工组织方式的工期。

(2)如果工期允许,该工程可按照什么样的方式来组织流水施工?试计算该种流水施工组织方式的工期。

【参考答案】

(1)如果该工程的资源供应能够满足要求,为加快施工进度,该工程可采用成倍节拍流水施工方式组织施工。

流水施工工期的计算过程如下:

施工过程数目: $n = 3$

施工段数目: $m = 5$

流水节拍: $t_1 = 2$(天)

$t_2 = 4$(天)

$t_3 = 6$ 天

流水步距: $K = t_{\min} = \min\{2,4,6\} = 2$(天)

施工队数目: $b_1 = t_1/t_{\min} = 2/2 = 1$(个)

$b_2 = t_2/t_{\min} = 4/2 = 2$(个)

$b_3 = t_3/t_{\min} = 6/2 = 3$(个)

$n' = \sum b_i = 1 + 2 + 3 = 6$(个)

流水施工工期: $T = (m + n' - 1)t_{\min} = (5 + 6 - 1) \times 2 = 20$(天)

(2)如果工期允许,该工程可按无节奏流水施工方式组织施工。

流水步距计算:

$$
\begin{array}{cccccc}
2 & 4 & 6 & 8 & 10 & \\
- & 4 & 8 & 12 & 16 & 20 \\
\hline
2 & 0 & -2 & -4 & -6 & -20
\end{array}
$$

顶棚抹灰和墙面抹灰: $K_{1,2} = \max\{2,0,-2,-4,-6,-20\} = 2$(天)

$$
\begin{array}{cccccc}
4 & 8 & 12 & 16 & 20 & \\
- & 6 & 12 & 18 & 24 & 30 \\
\hline
4 & 2 & 0 & -2 & -4 & -30
\end{array}
$$

墙面抹灰和楼面抹灰: $K_{2,3} = \max\{4,2,0,-2,-4,-30\} = 4$(天)

流水施工工期: $T = \sum K_{i,i+1} + \sum t_n = (2 + 4) + (6 + 6 + 6 + 6 + 6) = 36$(天)

2.2　装饰装修工程项目质量控制

2.2.1　施工现场质量管理的任务及内容

1. 施工现场质量管理的主要任务

现场质量管理,主要是指在施工现场对施工过程的计划、实施进行检查和监督工作。其主要任务是落实企业关于确保工程质量的计划,采取具体步骤和措施,使保证质量的体系得以有效地运行,从而达到提高工程质量的目的。

2. 施工现场质量管理的主要内容

(1)贯彻执行国家和本行业有关的施工规范、技术标准和操作规程以及上级有关质量的要求等。

(2)建立及执行保证工程质量的各种管理制度。

（3）制定能够保证质量的各种技术措施。

（4）坚持进行材料的检验及施工过程的质量检查。

（5）组织分项工程、分部工程及单位工程的质量检验评定。

（6）广泛组织质量管理小组（QC 小组），开展群众性的质量管理活动。

（7）进行质量回访，听取用户意见，及时进行保修，积累资料和总结经验。

（8）开展群众性的质量教育活动，并且开展创优良工程、全优工程活动，不断提高职工的质量意识。

2.2.2　装饰装修工程项目的全面质量管理

1. 全面质量管理的概念

全面质量管理（简称 TQC 或 TQM），是指为了使用户获得满意的产品，综合运用一整套质量管理体系、手段和方法所进行的系统管理活动。其特点是采用了三全（全企业职工、全生产过程、全企业各个部门）管理，并具有一整套科学方法与手段（数理统计方法及电算手段等），以及广义的质量观念。与传统的质量管理相比，全面质量管理具有显著的成效，它是现代企业管理方法中的一个重要分支。

全面质量管理的基本任务是：建立和健全质量管理体系，通过企业经营管理的各项工作，以最低的成本、合理的工期生产出符合设计要求并使用户满意的产品。

全面质量管理的具体任务主要包括以下几个方面：

（1）完善质量管理的基础工作。

（2）建立和健全质量保证体系。

（3）确定企业的质量目标和质量计划。

（4）对生产过程中各工序的质量进行全面控制。

（5）严格质量检验工作。

（6）开展群众性的质量管理活动，如 QC 小组活动等。

（7）建立质量回访制度。

2. 全面质量管理的工作方法

全面质量管理的工作方法采用 PDCA 循环工作法。该方法是由美国质量管理专家爱德华兹·戴明博士于 20 世纪 60 年代提出来的。

（1）PDCA 循环工作法的基本内容。

PDCA 循环工作法将质量管理活动归纳为 4 个阶段，即计划阶段（plan）、实施阶段（do）、检验阶段（check）和处理阶段（action），共有 8 个步骤。

①计划阶段（P）。在计划阶段，首先要确定质量管理的方针和目标，并提出实现其具体措施和行动计划。计划阶段包括以下四个具体步骤：

第一步：分析现状，并找出存在的质量问题，以便进行调查研究。

第二步：分析影响质量的各种因素，并将其作为质量管理的重点对象。

第三步：在影响质量的诸多因素中找出主要因素，并将其作为质量管理的重点对象。

第四步：制定改进质量的措施，提出行动计划并预计效果。

在计划阶段需要反复考虑计划的必要性、目的、地点、期限、承担者、方法等问题。

②实施阶段(D)。在该阶段中,要按照既定措施下达任务,并要按照措施去执行。同时,这也是 PDCA 循环工作法的第五个步骤。

③检验阶段(C)。该阶段的工作任务是对执行措施的情况进行及时的检查,通过检查与原计划进行比较,找出成功的经验和失败的教训。同时,这也是 PDCA 循环工作法的第六个步骤。

④处理阶段(A)。该阶段的工作任务就是把检查之后的各种问题加以处理,可分以下两个步骤完成:

第七步:正确地总结经验,巩固措施,制定标准,形成制度,以便遵照执行。

第八步:将尚未解决的问题转入下一个循环,再来研究措施,制定计划,予以解决。

(2)PDCA 循环工作法的特点。

①PDCA 循环就像是一个不断转动着的车轮,重复地不停循环。管理工作越扎实,则循环就越有效,如图 2.5 所示。

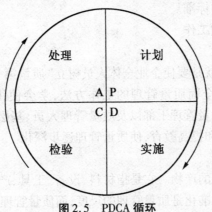

图 2.5 PDCA 循环

②PDCA 循环的组成是大环套小环,大小环能不停地转动,但却很难环环相扣。例如,整个公司就像是一个大的 PDCA 循环,而企业内部的各个部门又有自己的小 PDCA 循环,小环在大环内转动,形象地表示了它们之间的内部关系,如图 2.6 所示。

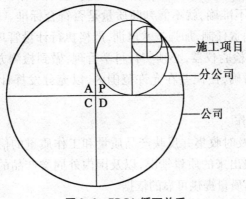

图 2.6 PDCA 循环关系

③PDCA 循环每转动一次,质量就提高一步,而不是在原来水平上的转动。每个循环所

遗留的问题将会转入到下一个循环继续解决,如图2.7所示。

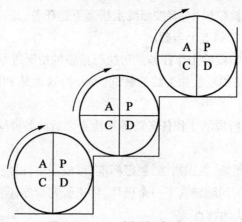

图2.7　PDCA循环提高过程

④PDCA循环必须围绕着质量标准和要求来转动,并且在循环过程中还要把行之有效的措施和对策上升为一个新的标准。

3. 全面质量管理的基础工作

(1)开展质量教育。

进行质量教育的目的,就是要使企业全体人员树立"质量第一,为用户服务"和建立全面质量管理的观念,掌握进行全面质量管理的工作方法,学会使用质量管理的工作方法及工具,尤其要重视对领导层、质量管理干部以及质量管理人员、基层质量管理小组成员的教育。要进行启蒙教育、普及教育和提高教育,使质量管理逐步深化。

(2)推行标准化。

标准化是现代化大生产的产物。它是指材料、设备、工具、产品品种及规格的系列化,尺寸、质量、性能的统一化。标准化是质量管理的尺度,而质量管理则是执行标准化的保证。

在装饰装修工程项目施工中,质量管理应遵循的标准有:施工与验收规范、工程质量评定标准、施工操作规程以及质量管理制度等。

(3)做好计量工作。

测试、检验、分析等计量工作是质量管理中的重要基础工作。没有计量工作,就谈不上执行质量标准;计量工作不准确,就不能判断质量是否符合标准。因此,开展质量管理就必须做好计量工作。要明确责任制,加强技术培训,严格执行计量管理的有关规程与标准。对各种计量器具以及测试、检验仪器,必须实行科学管理,做到检测方法正确,计量器具、仪表及设备性能良好、示值精确,使误差在允许范围内,以充分发挥计量工作在质量管理中的作用。

(4)做好质量信息工作。

质量信息工作,是指及时收集并反映产品质量和工作质量的信息、基本数据、原始记录和产品使用过程中所反映出来的质量情况,以及国内外同类产品的质量动态,从而为研究、改进质量管理和提高产品质量提供可靠的依据。

质量信息工作是质量管理的耳目。开展全面质量管理,必须要做好质量信息这项基础工作。其基本要求是:保证信息资料的准确性,提供的信息资料具有及时性,要全面、系统地反映产品质量活动的全过程,切实掌握影响产品质量的因素和生产经营活动的动态,对提高质量管理水平将起到良好的作用。

(5)建立质量责任制。

建立质量责任制,就是把质量管理方面的责任和具体要求落实到每一个部门和每一个工作岗位,组成一个严密的质量管理工作体系。

质量管理工作体系是组织体系、规章制度和责任制度三者的统一体。要将上至企业领导、技术负责人及各科室,下至每一个管理人员和工人的质量管理责任制度,以及与此相关的其他工作制度建立起来。不仅要求制度健全、责任明确,还要将质量责任与经济利益结合起来,从而保证各项工作能够顺利开展。

4. 质量保证体系

(1)质量保证体系的概念。

①质量保证的概念。质量保证是指企业向用户保证提供的产品在规定的期限内能正常使用。按照全面质量管理的观点,质量保证还包括上道工序所提供的半成品保证满足下道工序的要求,即上道工序对下道工序实行质量担保。

质量保证体现了生产者与用户之间、上道工序与下道工序之间的关系。通过质量保证,将产品的生产者与使用者紧密地联系在一起,促使企业按照用户的要求组织生产,以达到全面提高质量的目的。

用户对产品质量的要求是多方面的,它指的不仅是交货时的质量,更主要的是在使用期限内产品的稳定性以及生产者提供的维修服务质量等。因此,建筑装饰装修企业的质量保证应当包括装饰装修产品交工时的质量和交工以后在产品的使用阶段所提供的维修服务质量等。

质量保证的建立,使企业内部各道工序之间、企业与用户之间产生了一条质量纽带,它带动了各方面的工作,为不断提高产品质量创造了有利条件。

②质量保证体系的概念。质量保证并不是生产的某一个环节的问题,它涉及企业经营管理的各项工作,需要建立起一个完整的系统。所谓质量保证体系,就是企业为保证提高产品质量,运用系统的理论和方法建立的一个有机的质量工作系统。

该系统把企业各部门、生产经营各环节的质量管理职能组织起来,形成一个目标明确、责权分明、相互协调的整体,从而使企业的工作质量与产品质量、生产过程与使用过程、企业经营管理的各个环节紧密地联系在一起。

有了质量保证体系的存在,企业承包便能在生产经营的各个环节及时地发现和掌握质量管理的目的。

质量保证体系是全面质量管理的核心,而全面质量管理实质上就是建立质量保证体系,并使其正常运转。

(2)质量保证体系的内容。

建立质量保证体系,必须与质量保证的内容结合起来。装饰装修企业质量保证体系的内容包括以下三个部分:

①施工准备过程的质量保证。其主要内容如下:

a. 严格审查图纸。为了避免由于设计图纸的差错而给工程质量带来影响,必须对图纸进行认真地审查。通过审查,及时发现错误,并采取相应的措施予以纠正。

b.编制好施工组织设计。编制施工组织设计之前,要认真分析企业在施工中存在的主要问题和薄弱环节,分析工程的特点,有针对性地提出防范措施,并且编制出一套切实可行的施工组织设计方案,以指导施工活动的进行。

c.做好技术交底工作。在下达施工任务时,必须向执行者进行全面的质量交底,使执行人员了解任务的质量特性,做到心中有数,避免盲目行动。

d.严格材料、构配件和其他半成品的检验工作。原材料、构配件、半成品从进场开始,就要严格把好质量关,为工程施工提供良好的条件。

e.施工机械设备的检查维修工作。施工前要做好施工机械设备的检修工作,使机械设备经常保持良好的工作状态,不致发生故障,影响工程质量。

②施工过程的质量保证。施工过程是装饰装修产品质量的形成过程,是控制建筑装饰装修产品质量的重要阶段。该阶段的质量保证工作主要有以下几项内容:

a.加强施工工艺管理。严格按照设计图纸、施工组织设计、施工验收规范、施工操作规程施工,坚持执行质量标准,以保证各分项工程的施工质量。

b.加强施工质量的检查和验收。坚持质量检查和验收制度,按照质量标准和验收规程,对已完工的分部工程,尤其是隐蔽工程,及时进行检查和验收。不合格的工程,一律不予验收,促使操作人员重视质量,严把质量关。质量检查可采取群众自检、互检与专业检查相结合的方法。

c.掌握工程质量的动态。通过质量统计分析,找出影响质量的主要因素,总结产品质量的变化规律。统计分析是全面质量管理的重要方法,也是掌握质量动态的重要手段。针对质量波动的规律,采取相应对策,防止质量事故发生。

③使用过程的质量保证。装饰装修产品的使用过程是产品质量经受考验的阶段。装饰装修企业必须保证用户在规定的期限内能够正常使用装饰装修产品。该阶段主要有以下两项质量保证工作:

a.及时回访。工程交付使用以后,企业要对用户进行调查回访,认真听取用户对施工质量的意见,收集有关资料,并对用户反馈的信息进行分析,从中找出施工质量问题,了解用户的要求,采取措施予以解决,并为以后的工程施工积累经验。

b.实行保修。对由于施工原因而造成的质量问题,装饰装修企业应负责无偿维修,才能取得用户的信任;对于设计原因或用户使用不当而造成的质量问题,应采取协助装修的办法,提供必要的技术服务,保证用户能够正常使用。

(3)质量保证体系的运行。

质量保证体系在实际工作中是按照 PDCA 循环工作法运行的。

(4)质量保证体系的建立。

建立质量保证体系,要求做好以下几项工作:

①建立质量管理机构。在经理的领导下,建立综合性的质量管理机构。质量管理机构的主要任务如下:

a.统一组织、协调质量保证体系的活动。

b.编制质量计划并组织实施。

c.检查、督促各部门的质量管理职能。

d.掌握质量保证体系活动动态,协调各环节之间的关系。

e.开展质量教育,组织群众性的质量管理活动。

在建立综合性的质量管理机构的同时,还应设置专门的质量检查机构,负责质量检查工作。

②制定可行的质量计划。质量计划是实现质量目标和具体组织及协调质量管理活动的基本手段,也是企业各部门、生产经营各环节质量工作的行动纲领。企业的质量计划是一个完整的计划体系,它既有长远的规划,又有近期的质量计划;既有企业的总体规划,又有各环节、各部门具体的行动计划;既有计划目标,又有实施计划的具体措施。

③建立质量信息反馈系统。质量信息是质量管理的根本依据,它反映了产品质量形成过程的动态特征。质量管理就是根据信息反馈的问题,采取相应的措施,对产品质量形成过程实施控制。没有质量信息,也就谈不上质量管理。企业产品质量主要来自于内部和外部两个部分,前者包括施工工艺、各分部分项工程的质量检验结果、质量控制中的问题等;后者包括用户、原材料和构配件供应单位、协作单位、上级组织等。装饰装修企业必须建立起一整套质量信息反馈系统,准确、及时地收集、整理、分析、传递质量信息,为质量管理体系的运转提供可靠的依据。

④实现质量管理业务标准化。对重复出现的(例行的)质量管理业务进行归纳整理,制定出管理制度,用制度进行管理,实现管理业务的标准化。主要包括程序标准化、处理方法规范化、各岗位的业务工作条理化等。通过标准化,可以使企业各个部门和全体职工都严格遵循统一的、规定的工作程序,使行动协调一致,从而提高工作质量,保证产品质量。

5.全面质量管理的常用数理统计方法

(1)排列分析表法。

排列分析表法是在影响工程质量的诸多因素中寻找出一个简单、有效的方法。其步骤如下:

①收集寻找问题的数据。

②分析整理数据"列表",并做不合格点数统计表。把各个项目的不合格点数按照从多到少的顺序填入表格,计算每个项目的频率和累计频率。

③确定影响质量的主要因素。影响因素分为以下三类:

a.A类因素。对应频率0~80%,是影响工程质量的主要因素。

b.B类因素。对应频率80%~90%,为次要因素。

c.C类因素。对应频率90%~100%,为一般因素。

运用排列分析表法便于找出主次矛盾,有利于采取措施加以改进。

(2)因果分析图法。

因果分析图法是表示质量特性与原因关系的一种图示法。在工程施工中,当寻找出硬性质量的主要问题后,就要制定相应的对策加以改进。但在实践中,一个主要的质量问题往往并不是仅由一个原因造成的,为了寻找这些原因的起源,就要追根问底、从小到大、从粗到细地示列原因,这种方法就是因果分析图法,如图2.8所示。运用因果分析图法可以帮助人们制定对策,解决工程质量上存在的问题。

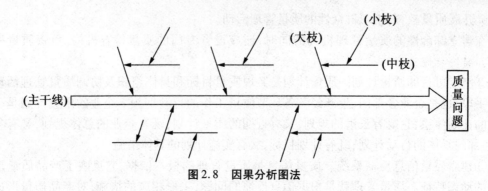

图2.8　因果分析图法

2.2.3　装饰装修工程项目质量控制

　　施工是形成装饰装修工程项目实体的过程,也是形成最终建筑装饰装修产品质量的重要阶段。因此,施工阶段的质量控制是建筑装饰装修施工项目管理的重点之一。

　　1.装饰装修工程项目质量控制的特点

　　由于装饰装修工程项目涉及面广,是一个极为复杂的综合过程,再加上项目位置固定、生产流动、质量要求不一、材料和施工方法多变等特点,所以装饰装修工程项目的质量要比一般工业产品的质量更加难以控制,其主要特点表现在以下几个方面:

　　(1)影响质量的因素多。

　　如装饰装修设计、装饰装修材料、机具、环境、温度、湿度、施工工艺、操作方法、熟练程度、技术措施、管理制度等,均会直接影响到建筑装饰装修施工项目的工程质量。

　　(2)容易产生质量变异。

　　装饰装修工程的施工与工业产品生产不同,它没有固定的自动化流水线、规范化的生产工艺和完善的检测技术、成套的生产设备和稳定的生产环境、相同系列规格和相同功能的产品;同时,由于影响建筑装饰装修施工项目质量的偶然性因素和系统性因素都比较多,所以很容易就会产生质量变异。如装饰装修材料性能微小的差异、机具设备正常的磨损、操作微小的变化、环境微小的波动等,均会引起偶然性因素的质量变异;当使用装饰装修材料的规格或品种有误、施工方法不妥、操作不按规程、机具故障等时,就会引起系统性因素的质量变异,从而造成工程质量事故。

　　(3)容易产生第一、第二判断错误。

　　装饰装修工程项目由于工序交接多、中间产品多、隐蔽工程多,如不及时检查实际质量,事后再看表面,则会容易产生第二判断错误,即容易将不合格的产品,认为是合格的产品;相反的,如检查不认真,测量仪表不准,读数有误,则会产生第一判断错误,即容易将合格的产品,认为是不合格的产品。这一点,在进行质量检查验收时应特别注意。

　　(4)质量检查不能解体、拆卸。

　　装饰装修工程项目建成以后,不可能像某些工业产品那样,通过拆卸或解体来检查内在质量,或重新更换零件;即使发现有质量问题,也不可能像工业产品那样实行"包换"或"退款"。

　　(5)质量要受投资、进度的制约。

　　装饰装修工程项目的质量,受投资、进度的制约较大,如一般情况下,投资大、进度慢、质量就好;反之,质量就差。因此,建筑装饰装修项目在施工中还必须正确地处理质量、投资、进度三者之间的关系,使其达到对立统一。

2. 装饰装修工程项目质量控制的原则

对装饰装修工程项目而言,质量控制就是为了确保达到合同、图纸、规范所规定的质量标准,所采取的一系列检测、监控的措施、手段和方法。在进行装饰装修工程质量控制过程中,应遵循下列原则:

(1)坚持"质量第一,用户至上"。

社会主义商品经营的原则是"质量第一,用户至上"。建筑装饰装修产品既然是一种特殊的商品,那么建筑装饰装修项目在施工中理应自始至终、自觉地把"质量第一,用户至上"作为质量控制的基本原则。

(2)以人为核心。

人是质量的创造者,质量控制必须"以人为核心",把人作为控制的动力,调动人的积极性和创造性;增强人的责任感,树立"质量第一"的观念;提高人的素质,避免人的失误,以人的工作质量来保证工序质量,进而保证工程质量。

(3)以预防为主。

"以预防为主",就是要从对质量的事后检查把关,转向对质量的事前控制和事中控制;从对产品质量的检查,转向对工作质量的检查、对工序质量的检查及对中间产品的质量检查。这是确保装饰装修工程项目质量的有效措施。

(4)坚持质量标准、严格检查,一切用数据说话。

质量标准是评价产品质量的尺度,数据是质量控制的基础和依据。产品质量是否符合质量标准,必须通过严格检查,用数据说话。

(5)贯彻科学、公正、守法的职业规范。

建筑装饰装修施工企业的项目经理,在处理质量问题的过程中,应尊重客观事实,尊重科学,要正直、公正,不持偏见;要遵纪守法,杜绝歪风邪气;既要坚持原则、严格要求、秉公办事,又要实事求是、以理服人、热情帮助。

3. 装饰装修工程项目质量因素的控制

影响装饰装修工程项目质量的因素包括:人、装饰装修材料、机具、施工方法、施工环境五个方面。对这五个方面的因素严加控制,是保证建筑装饰装修施工项目质量的关键。

(1)人的控制。

人是指直接参与施工的组织者、指挥者和操作者。把人作为控制的对象,是要避免产生失误;作为控制的动力,是要充分调动人的积极性,发挥"人的因素第一"的主导作用。

为了避免人的失误,调动人的主观能动性,增强人的责任感和质量意识,达到以工作质量保证工序质量和工程质量的目的,除了要加强政治思想教育、劳动纪律教育、职业道德教育、专业知识技术培训,健全岗位责任制,改善劳动条件,公平合理地激励劳动热情以外,还需根据工程的特点,从保证质量出发,坚持量才适用、扬长避短的原则来控制人的使用。

在工程质量控制中,应从以下几个方面来考虑人对质量的影响:

①领导者的素质。项目经理是决定质量控制水平的关键。项目经理部的领导班子是决策者、管理者、组织者和责任者。他们的知识结构、专业技术、实践经验、领导艺术等素质水平,对于质量控制起着决定性的影响。因此,应对他们进行考核和资格认证。

②员工的素质。员工的知识、技术水平直接影响着工程质量。特别是高级装饰装修工程,其功能独特、造型新颖、结构复杂,且文化艺术内涵丰富,不仅需要高素质的技术管理人员,同时也需要熟悉工艺、操作熟练、经验丰富、责任心强的技术工人。对于技术复杂、难度大、精度高的工序或操作,应由技术熟练、经验丰富的工人来完成。项目部的员工不仅要专业配套,而且还需对他们的知识和技术水平进行培训、考核和资格认证。

③人的生理缺陷。根据工程的环境和特点,应严格控制人的生理缺陷,如反应迟钝、应变能力差的人,不能操作快速运行、动作复杂的机具设备;有高血压、心脏病的人,不能从事高空和水下作业;视力差的人,不宜参与精细的制作和装配作业,也不宜从事检验、校正和测量工作;听力差的人,不宜从事需要多人配合才能完成的工作等。否则,必然会影响工程质量,或引发安全事故。

④人的心理行为。每个人都会受到社会、经济、环境条件和人际关系的影响,并且要受组织纪律、法律、规章和管理制度的约束,要受劳动分工、生活福利和工资报酬的支配,因此人的劳动态度、注意力、情绪、责任心在不同的地点和不同的时期会有所变化。如当个人的某种需要未能得到满足,或受到批评处分,带着怨气工作,或上下级关系紧张,产生疑虑、畏惧、抑郁的心理,注意力发生转移,也极易诱发质量、安全事故。所以,对于某些需确保质量、万无一失的关键工序和操作,一定要分析人的心理变化,控制人的思想活动,稳定人的情绪。

⑤人的错误行为。人的错误行为是指人在工作场地或工作中吸烟、打赌、错视、错听、嬉戏、误判断、误动作等行为,这些行为均会影响质量或造成质量事故。因此,对具有危险源的现场作业,应禁止吸烟、嬉戏;当进入强光或暗环境中对工程质量进行检验、测试时,应经过一定时间,使视力逐渐适应光照度的改变,然后才能正常工作,以免发生错视;在不同的作业环境中,应采用不同的色彩、标志,以免产生误判断或误动作。这些措施均有利于预防质量事故的发生。

⑥人的违纪违章。人的违纪违章是指粗心大意、漫不经心、注意力不集中、不懂装懂、图省事、碰运气、玩忽职守、有意违章等行为。对于这些行为,必须严加教育、及时制止。

此外,应严格禁止无技术资质的人员上岗操作。总之,在使用人的问题上,应从政治素质、思想素质、业务素质和身体素质等方面综合考虑,全面控制。

(2)装饰装修材料的控制。

材料质量是工程质量的基础,加强材料的质量控制是提高工程质量的重要保证。材料控制包括对原材料、半成品、成品等的控制。要掌握材料信息,优选供货厂家;要严格检查验收,严把材料质量关;要注意材料三证的查验,建立管理台账,进行收、发、储、运等各个环节的技术管理,避免混料、错用和将不合格的原材料、半成品使用到工程上。

(3)机具控制。

机具控制包括对施工机械设备、工具等的控制。装饰装修施工机具设备种类繁多,要根据不同工艺特点和技术要求,选用合适的机具设备;要正确使用、管理和保养好机具设备。为此要健全人机固定制度、操作证制度、岗位责任制度、交接班制度、技术保养制度、安全使用制度、机具检查制度等,以确保机具设备处于最佳使用状态。

(4)方法控制。

这里所说的方法控制主要包括对施工方案、施工工艺、施工组织设计、施工技术措施等的控制,应切合工程实际,能解决施工难题,技术可行,经济合理,工艺先进、措施得力、操作方便,有利于保证工程质量,加快进度,降低成本。

(5)环境控制。

影响装饰装修工程质量的环境因素较多,有工程技术环境,如气象、温度、湿度等建筑物的内、外工作环境等;工程管理环境,如质量保证体系、质量管理制度等;劳动环境,如劳动组合、作业场所、劳动工具、工作面等。环境因素对工程质量的影响,具有复杂而多变的特点。如气象条件就变化万千,温度、湿度、大风、暴雨、酷暑、严寒等都会直接影响到装饰装修工程的质量。又如,前一工序往往就是后一工序的环境,前一分项、分部工程也就是后一分项、分部工程的环境。

因此,需要根据工程特点和具体条件,对影响质量的环境因素采取有效的措施严加控制。尤其是施工现场,应建立文明施工和文明生产的环境,保持装饰装修材料、工件堆放有序,道路畅通,工作场所清洁整齐,施工程序井井有条,为确保质量、安全创造良好条件。

4. 装饰装修工程项目的质量控制阶段

(1)建筑装饰装修施工准备阶段的质量控制。

①审查装饰装修设计图纸。

②编制施工组织设计。

③检验装饰装修材料和成品、半成品、构配件等。

④检修施工机具设备。

⑤准备作业条件,如水、电、道路等。

⑥建立质量体系,包括为实施质量管理所需的组织结构、程序、过程和资源。

(2)建筑装饰装修施工过程中的质量控制。

①进行建筑装饰装修施工的技术交底,监督按照设计图纸和规范、规程施工。

②进行建筑装饰装修施工质量的检查和验收。为保证装饰装修工程的质量,必须坚持质量检查和验收制度,加强对施工过程各个环节的质量检查。对已完成的分部、分项工程,特别是隐蔽工程进行验收,不合格的工程绝不放过,该返工的必须返工。不留隐患,这是质量控制的关键环节。

③质量分析。通过对装饰装修工程质量的检验,获得大量的能够反映质量状况的数据,采用质量管理统计方法对这些数据进行分析,找出产生质量缺陷的各种原因。质量检查验收终究是事后进行的,即使发现了问题,事故已经发生,并且已经造成了浪费。因此,质量管理工作应尽量在事故发生之前进行,以防患于未然。

④实施文明施工。按照建筑装饰装修施工组织设计的要求和施工程序进行施工,做好施工准备,搞好现场的平面布置与管理工作,保持现场的施工秩序和整齐清洁。这也是保证和提高装饰装修工程质量的一个重要环节。

(3)使用阶段的质量控制。

装饰装修工程投入使用过程是考验装饰装修工程实际施工质量的过程。它是装饰装修工程质量控制的归宿点,也是建筑装饰装修施工企业质量控制的出发点。因此,装饰装修工程质量控制必须从现场施工过程延伸至使用过程的一定期限(通常为保修期限),这才是装饰装修工程全过程的质量控制,其质量控制工作主要有以下两项:

①实行保修制度,对由于施工原因而造成的质量问题,建筑装饰装修施工企业要负责无偿保修,以提高企业的信誉。

②及时回访,对工程进行调查,听取使用单位对施工质量方面的意见,从中发现工程质量中所存在的问题,并分析原因,及时进行补救。同时,也为以后改进装饰装修工程质量管理积累经验,收集有关质量管理信息。

5. 装饰装修分部、分项工程质量检验的内容及要求

(1)抹灰工程。

工程质量检验的内容:材料复验、工序交接检验、隐蔽工程验收。

①抹灰工程应对水泥的凝结时间和安定性进行复验。

②工序交接检验:抹灰工程施工前主体结构必须经过有关单位检验合格。

③抹灰工程应对下列隐蔽工程进行验收:

a. 抹灰总厚度大于或等于35 mm时的加强措施。

b. 不同材料基体交接处的加强措施。

强制性条文:外墙和顶棚的抹灰层与基层之间及各抹灰层之间必须黏结牢固。

(2)门窗工程。

工程质量检验的内容:门窗工程复验及隐蔽工程验收。

①门窗工程应对下列材料及其性能指标进行复验:

a. 人造木板的甲醛含量。

b. 建筑外墙金属窗、塑料窗的抗风压性能、空气渗透性能和雨水渗漏性能。

②门窗工程应对下列隐蔽工程项目进行验收:

a. 预埋件和锚固件。

b. 隐蔽部位的防腐、填嵌处理。

强制性条文:建筑外门窗的安装必须牢固。在砌体上安装门窗严禁用射钉固定。

(3)吊顶工程。

工程质量检验的内容:吊顶工程复验及隐蔽工程验收。

①吊顶工程应对人造木板的甲醛含量进行复验。

②吊顶工程应对下列隐蔽工程项目进行验收:

a. 吊顶内管道、设备的安装及水管试压。

b. 木龙骨防火、防腐处理。

c. 预埋件或拉结筋。

d. 吊杆安装。

e. 龙骨安装。

f. 填充材料的设置。

强制性条文:重型灯具、电扇及其他重型设备严禁安装在吊顶工程的龙骨上。

(4)轻质隔墙工程。

工程质量检验的内容:轻质隔墙工程复验、交接检验、隐蔽工程验收。

①轻质隔墙工程应对人造木板的甲醛含量进行复验。

②交接检验:主体结构完成后经相关单位检验合格。

③轻质隔墙工程应对下列隐蔽工程项目进行验收:

a. 骨架隔墙中设备管线的安装及水管试压。

b. 木龙骨防火、防腐处理。

c.预埋件或拉结筋。

d.龙骨安装。

e.填充材料的设置。

(5)饰面板(砖)工程。

工程质量检验的内容:饰面板(砖)工程复验、交接检验、隐蔽工程验收。

①饰面板(砖)工程应对下列材料及其性能指标进行复验:

a.室内用花岗石(大于 200 m²)的放射性指标。

b.粘贴用水泥的凝结时间、安定性和抗压强度。

c.外墙陶瓷面砖的吸水率。

d.寒冷地区外墙陶瓷面砖的抗冻性。

②交接检验:检验主体结构合格。

③饰面板(砖)工程应对下列隐蔽工程项目进行验收:

a.预埋件(或后置埋件)。

b.连接节点。

c.防水层。

强制性条文:

①饰面板安装工程的预埋件(或后置埋件)、连接件的数量、规格、位置连接方法和防腐处理,必须符合设计要求。后置埋件的现场拉拔强度必须符合设计要求。饰面板安装必须牢固。

②饰面砖粘贴必须牢固。

(6)幕墙工程。

工程质量检验的内容:材料复验、隐蔽工程验收。

①幕墙工程应对下列材料及其性能指标进行复验:

a.铝塑复合板的剥离强度。

b.石材的弯曲强度;寒冷地区石材的耐冻融性;室内用花岗石的放射性。

c.玻璃幕墙用结构胶的邵氏硬度、标准条件拉伸黏结强度、相容性试验;石材用结构胶的黏结强度;石材用密封胶的污染性。

②幕墙工程应对下列隐蔽工程项目进行验收:

a.预埋件(或后置埋件)。

b.构件的连接节点。

c.变形缝及墙面转角处的构造节点。

d.幕墙防雷装置。

e.幕墙防火构造。

强制性条文:

①隐框、半隐框幕墙所采用的结构黏结材料必须是中性硅酮结构密封胶,其性能必须符合《建筑用硅酮结构密封胶》(GB 16776—2005)的规定;硅酮结构密封胶必须在有效期内使用。

②主体结构与幕墙连接的各种预埋件,其数量、规格、位置和防腐处理必须符合设计要求。

③幕墙的金属框架与主体结构预埋件的连接、立柱与横梁的连接及幕墙面板的安装必须符合设计要求,安装必须牢固。

(7)涂饰工程。

工程质量检验的内容:涂饰工程工序交接检验、样板间(件)检验。

①工序交接检验:涂饰基层检验合格。

②涂饰工程样板间(件)检验合格。

(8)地面工程。

工程质量检验的内容:地面工程复验、交接检验、隐蔽工程验收。

①地面工程应对下列材料及其性能指标进行复验:

a.地面装饰材料按国家现行标准(GB 50325—2010)复试。

b.防水材料复试。

c.地面一次、二次蓄水试验。

②交接检验:基层检验合格。

③地面工程应对下列隐蔽工程项目进行验收:

a.建筑地面下的沟槽、暗管敷设。

b.基层(垫层、找平层、隔离层、填充层、防水层)做法。

c.穿地面管道根部处理。

强制性条文:

①建筑地面工程采用的材料或产品应符合设计要求和国家现行有关标准的规定。无国家现行标准的,应具有省级住房和城乡建设行政主管部门的技术认可文件。材料和产品还应符合下列规定:

a.应有质量合格证文件。

b.应对型号、规格、外观等进行验收,对重要材料或产品应进行抽样复验。

②厕浴间和有防滑要求的建筑地面应符合设计防滑要求。

③厕浴间、厨房和有排水(或其他液体)要求的建筑地面面层与相连接各类面层的标高差应符合设计要求。

④有防水要求的建筑地面工程,铺设前必须对立管、套管和地漏与楼板节点之间进行密封处理,并应进行隐蔽验收;排水坡度应符合设计要求。

⑤厕浴间和有防水要求的建筑地面必须设置防水隔离层。楼层结构必须采用现浇混凝土或整块预制混凝土板,混凝土强度等级不应小于 C20;房间的楼板四周除门洞外应做混凝土翻边,高度不应小于 200 mm,宽同墙厚,混凝土强度等级不应小于 C20。施工时结构层标高和预留孔洞位置应准确,严禁乱凿洞。

⑥防水隔离层严禁渗漏,排水的坡向应正确、排水通畅。

⑦不发火(防爆)面层中碎石的不发火性必须合格;砂应质地坚硬、表面粗糙,其粒径应为 0.15~5 mm,含泥量不应大于 3%,有机物含量不应大于 0.5%;水泥应采用硅酸盐水泥、普通硅酸盐水泥;面层分格的嵌条应采用不发生火花的材料配制。配制时应随时检查,不得混入金属或其他易发生火花的杂质。

(8)防水工程。

工程质量检验的内容:防水工程复验、交接检验、隐蔽工程验收。

①防水工程应对下列材料进行复验：

a. 高聚物改性沥青防水卷材应对拉力、最大拉力时延伸率、低温柔度、不透水性复验。

b. 合成高分子防水卷材应对断裂拉伸强度、扯断伸长率、低温弯折、不透水性复验。

c. 有机防水涂料应对潮湿基面黏结强度、涂膜抗渗性、浸水 168 h 后拉伸强度、浸水 168 h 后断裂伸长率、耐水性复验。

d. 无机防水涂料应对抗折强度、黏结强度、抗渗性复验。

e. 膨润土防水材料应对单位面积质量、膨润土膨胀系数、渗透系数、滤失量复验。

f. 混凝土建筑接缝用密封胶应对流动性、挤出性、定伸粘结性复验。

g. 橡胶止水带应对拉伸强度、扯断伸长率、撕裂强度复验。

h. 腻子性遇水膨胀止水条应对硬度、7 d 膨胀率、最终膨胀率、耐水性复验。

i. 遇水膨胀止水胶应对表干时间、拉伸强度、体积膨胀倍率复验。

j. 弹性橡胶密封垫材料应对硬度、伸长率、拉伸强度、压缩永久变形复验。

k. 遇水膨胀橡胶密封垫胶料应对硬度、扯断伸长率、拉伸强度、体积膨胀倍率、低温弯折复验。

l. 聚合物水泥防水砂浆应对 7 d 黏结强度、7 d 抗渗性、耐水性复验。

②交接检验：基层检验合格。

③防水工程应对下列隐蔽工程项目进行验收：

a. 基层处理。

b. 防水层做法。

c. 地漏、套管、卫生洁具根部、阴阳角等部位的处理。

（9）裱糊、软包及细部工程。

工程质量检验的内容：裱糊、软包及细部工程复验，交接检验，隐蔽工程验收。

①裱糊、软包及细部工程装饰材料按国家现行标准（GB 50325—2010）复试。

②裱糊、软包工程交接检验：基层检验合格。

③细部工程应对人造木板的甲醛含量进行复验。

④细部工程应对下列部位进行隐蔽工程验收：

a. 预埋件（或后置埋件）。

b. 护栏与预埋件的连接节点。

强制性条文：护栏高度、栏杆间距、安装位置必须符合设计要求。护栏安装必须牢固。

6. 成品保护

装饰装修的成品保护应从材料、半成品、成品进厂开始，贯穿于分项、分部工程施工的整个过程，完工交付使用前则是成品保护的重点。

（1）半成品、成品的保护措施。

为了确保成品保护工作能够顺利完成，成品和半成品不受损坏，应严格执行"谁主管谁负责，谁在岗谁负责，谁操作谁负责"的管理办法，将责任落实到人。

①加强成品保护的宣传教育工作，使全体施工人员都能认识到成品、半成品保护的重要性。

②各工种交底中，必须涉及成品（半成品）的保护内容，并要明确成品保护的责任。

③对于加工件、设备、成品库房，应设专人负责，并建立验收入库台账和领退手续台账。

④装修所用材料、成品、半成品应按照材料进场计划组织进场，随用随到，减少成品保护工作量和不必要的损失。

⑤对于进场的成品、半成品及附件，必须按照说明要求存放，并建立材料、设备的保管制度。

⑥从生产安排上要研究合理的工作搭接、工序搭接，合理组织施工，以利于成品保护工作的进行。

⑦下道工序施工中，必须对上道工序成品采取具体保护措施。

⑧给、排水及采暖工程打压试水若必须在土建项目施工完成之后进行时，各专业均必须分层安排足够的人员进行巡视检查，发现问题应及时处理，避免或最大限度地减少因跑水而造成的成品损坏。

⑨施工中不得破坏铝合金门窗的保护膜。对于卫生洁具、插销、插座、门、五金等应注意包裹，不得有污染、划痕。

⑩大风天气和地面清理时不允许刷油喷漆，油活不得污染周围环境。

⑪装修贴砖要坚持从上到下逐层交活，避免往返施工而破坏成品。

⑫专业分包单位对自己施工的项目以及相关分项工程项目的成品保护负有不可推卸的责任，应在与各分包单位签订合同中予以明确。

⑬施工过程中，应设专人巡视检查成品保护工作。

⑭成品保护工作要实行责任制，有奖罚条例，同时设专门人员巡视检查成品保护情况，发现问题要及时纠正，对较大破坏行为或屡教不改者应严肃处理。

（2）交付前的保护措施。

①对成品保护工作进行宣传，宣传成品保护的重要性。

②根据工程特点，合理安排成品保护人员，分区划片，定人到位。

③楼口设成品保护人员查验出入证明，严格执行出入制度。

④加强消防工作，严格控制明火作业，对后续电焊工序进行有效防护，防止飞溅物污染损坏成品。

（3）主要分项工程成品的保护措施。

①玻璃工程。

a. 未安装的半成品玻璃应妥善保管，应平稳立放防止损坏，且要保持干燥，防止受潮发霉。

b. 填缝密封胶条或玻璃胶的门窗，待胶干后（不少于 24 h），门窗方可开启。

c. 门窗玻璃安装以后，应将风钩挂好或插上插销，防止刮风损坏玻璃。

d. 面积较大、造价昂贵的玻璃，原则上应在单位工程交工验收之前安装。确需提前安装的，必须采取特殊保护措施，如在已经施工的玻璃幕墙上覆盖纤维板，防止物体打击损伤玻璃。

e. 避免强酸性洗涤剂溅到玻璃上。如已溅上，则应立即用清水冲洗。对于热反射玻璃的反射膜面，如溅上碱性灰浆，则要立即用水冲洗干净，以免使反射膜变质。

f. 不能用酸性洗涤剂或含有研磨粉的去污粉清洗放射玻璃的反射膜面，以免在反射膜上留下伤痕，或使反射膜脱落。

g. 防止焊接、切割及喷砂等作业时所产生的火花和飞溅的颗粒物损伤玻璃。

h.凡已安完玻璃的房间,应指派专人看管、维护。

②内墙涂料工程。

a.每次涂饰前均需清理周围环境,防止尘土污染涂料。涂料未干燥之前,不得清扫地面。干燥后,也不能在墙面附近泼水,以免污染涂料面。

b.每遍涂料施工完毕后,应将门窗关闭,防止摸碰,也不得靠墙立放铁锹等工具。

c.明火施工不得靠近墙面。

d.涂料施工完毕以后,应按照涂料使用说明规定的时间和条件进行养护,待涂膜完全干燥后才能投入使用。

③地面工程。

a.水泥地面。水泥地面压实成活后要按照规定进行养护,强度达不到 5 MPa 时不得上人。在水泥地面上的手推车、铁梯、金属操作台铁脚等要包上胶皮,不得在水泥地面上和灰;室内喷涂和门窗油漆时要遮盖地面,防止污染。

b.地砖地面。做好地砖基层以后,将地面上的水池、地漏等附属设备安装完毕之后,再做面层。地面完成以后不得堆放重物,避免碰撞、油漆污染。保护好地漏,防止杂物落入。

c.地毯地面。地毯铺设之前,要做好地面基层清理工作,要在其他工序完成之后铺装。铺装完毕以后房间应即时封闭,严禁施工人员随意走动,防止污染。

d.石材地面。石材装卸、运输应防护到位,轻挪轻放,防止边角损坏;磨光石材宜在室内存放,防止雨淋、曝晒、污染。铺设时,工人应穿软底鞋;铺装完成以后应即时遮盖,不得在石材表面上施工;严防颜料、油漆等污染地面。

④墙面、顶棚工程。

a.涂料墙面和顶棚。罩面涂料应在设备完成以后施工,避免再次剔凿破坏;喷涂应自上而下施工,注意要对门窗、暖气、地面、窗帘盒等进行遮盖,尽量减少污染。

b.面砖和石材墙面。在铺贴墙面之前应仔细复查预留设备孔洞,数量、尺寸、位置应准确,石材墙面完工以后,不能再次剔凿;墙面完工之后应及时进行有效防护,避免碰撞。

c.墙纸墙面。在粘贴前应复查预留设备口,保证位置、尺寸和数量的准确性;粘贴完工以后,应及时遮盖(尤其是浅色壁纸),保证墙面的清洁。

⑤门窗工程。木门框安装完毕后应注意保护,在门框下部加垫胶皮或木板条,防止撞击。木门扇应存放在室内,并注意防潮通风,离地 200 mm 垫平、码放整齐;应在室内各项工程基本完成之后安装。

2.2.4 装饰装修工程质量检验评定

1.工程质量检验评定的意义

工程质量检验评定是指装饰装修工程在施工过程中按照国家标准进行检测质量及评定质量等级的活动。其主要意义在于通过评定质量等级,划分出工程质量的优劣,鼓励先进,鞭策落后,推动质量管理工作,不断提高质量水平。

2.工程质量的检查

(1)装饰装修工程质量检查的依据。

①国家颁发的有关施工及验收规范、施工技术操作规程和质量检验评定标准(现行)。

②原材料、半成品和构配件的质量检验标准。

③设计图纸、设计变更、施工说明以及承包合同等有关设计文件。

（2）装饰装修工程质量检查的内容。

①原材料、半成品、成品和构配件等进场材料的质量保证书和抽样试验资料。

②施工过程的自检原始记录和有关技术档案资料。

③使用功能检查。

④项目外观检查（根据规范和合同要求，主要包括保证项目、检验项目和实测项目）。

（3）质量检查的方法。

质量检查的数量分为全数检查和抽样检查两种，具体应根据施工与验收规范及承包合同的要求来确定。

①看。即外观目测，是指对照规范或规程要求进行外观质量的检查。如饰面表面的颜色、质感、造型、平整度等，均可用目测观察其是否符合要求。

②摸。即手感检查，用于装饰装修工程的某些项目。如油漆表面的平整度和光滑程度等。

③敲。是指运用专门工具进行敲击听声音的检查。如对地面工程、抹灰工程和镶贴工程等，通过敲击听声音来判断是否有空鼓现象。

④照。是指对于人眼不能直接达到的高度、深度或亮度不足的部位，检查人员借助于灯光或镜子反光来进行检查。如门窗上口的填缝等。

⑤靠。是指用工具（靠尺、楔形塞尺）测量表面平整度，其适用于地面、墙面等要求平整度的项目。

⑥吊。是指用工具（拖线板、线坠等）测量垂直度。如用线坠和拖线板吊测墙、柱的垂直度等。

⑦量。是指借助于度量工具进行检查，如用尺量门窗尺寸、用秤计量重量等。

⑧套。是指用工具套方。如用方尺辅以楔形塞尺来测量抹灰阴阳角的方正度等。

3. 工程质量的评定

装饰装修工程质量等级的评定应以《建筑安装工程质量检验评定标准》为依据，质量等级分为"合格"和"不合格"两个等级。经检查为不合格的工程项目必须返工，并且要在返工修理之后重新评定。

装饰装修工程质量等级评定的原则是以局部保全局。其评定方法是由各分部分项工程的质量等级来评定有关分部工程的质量等级。

（1）分部分项工程质量等级的评定。

①符合下列要求的评为"合格"

a. 保证项目必须符合相应质量评定标准的规定。

b. 基本项目抽检处（件）应符合相应质量评定标准的合格规定。

c. 允许偏差项目抽检的点数中，有70%以上（含70%）的实测值在相应的质量检验评定标准的允许偏差范围之内，其余基本达到要求。

②符合下列要求的评为"优良"

a. 保证项目必须符合相应质量评定标准的规定。

b. 基本项目每项抽查处（件）符合相应质量检验评定标准的合格规定，其中有50%以上（含50%）处（件）符合优良规定，优良项数占检验项数的50%以上（含50%）。

c. 允许偏差范围项目抽检的点数中,有90%以上(含90%)的实测值在相应质量检验评定标准的允许偏差范围之内。

(2)分部工程质量等级的评定。

①合格。即所含分部分项工程的质量全部合格。

②优良。即所含分部分项工程的质量全部合格,其中有50%以上(含50%)为优良。

(3)单位工程质量等级的评定。

①符合下列要求的评为"合格"

a. 所含分部工程的质量应全部合格。

b. 质量保证资料应基本齐全。

c. 观感质量的评定得分率达到70%以上。

②符合下列要求的评为"优良"

a. 所含分部工程的质量应全部合格,其中有50%以上为优良。

b. 质量保证资料应基本齐全。

c. 观感质量的评定得分率达到85%以上(含85%)。

2.2.5　案例分析

【背景材料】

某单位为职工筹建300余户经济适用房,统一装修。其厨房、卫生间墙面采用彩色釉面陶瓷砖。墙面粘贴半年之后,经检查发现,约占总量20%的墙砖釉面开裂(胎体没有发现开裂),表面裂纹方向无规律性。另外还发现部分墙砖有空鼓、脱落现象。

【问题】

(1)釉面开裂的主要原因是什么?

(2)简述上述墙砖试验时的组批原则。

(3)内砖墙空鼓的允许面积范围为多少可以不返工处理?

(4)试述通常情况下墙砖空鼓、脱落的主要原因。

(5)对于外墙面砖的铺贴,应对墙砖进行何种试验?

(6)除上述之外,对装饰装修材料的质量控制还应注意哪些方面?

【参考答案】

(1)釉面陶瓷砖的质量不好,材质松脆,吸水率大,因受潮而膨胀,产生应力而使釉面开裂。也可能由于生产、运输、操作过程所产生的隐伤而裂纹。

(2)组批原则规定:以同一生产厂的产品每500 m² 为一验收批,不足500 m² 的也按一批计。

(3)单块砖边角空鼓小于铺装数量的5%时,可以不进行返工处理。

(4)空鼓、脱落的主要原因有以下三点:

①由于冬季施工,砂浆受冻,来年春天化冻后,瓷砖背面比较光滑而容易发生脱落,所以要求冬施时室内环境温度不低于5 ℃,否则应采取保护措施。

②基层表面处理不净,基层过于干燥或瓷砖浸泡不够而使黏结砂浆脱水,分层抹灰间隔太短,面砖施工后养护不好。

③砂浆配合比不准确,水泥强度不够,砂子含泥量过大,容易产生干缩、空鼓。

（5）必试项目包括：吸水率（用于外墙）、抗冻性（寒冷地区）、耐磨性（用于铺地）、耐化学腐蚀。

（6）除了上述各种技术指标等符合标准以外，还要着重考虑产品生产厂家的信誉、售后服务及产品的耐候性。未经大量实践的新产品应慎用。

2.3　装饰装修工程项目技术管理与信息管理

2.3.1　技术管理的任务及内容

技术管理是指装饰装修企业在生产经营活动中对各项技术活动和技术要素的科学管理。所谓技术活动，是指技术学习、技术运用、技术改造、技术开发、技术评价和科学研究的过程；所谓技术要素，是指技术人才、技术装备和技术信息等。

1. 技术管理的任务和要求

（1）技术管理的任务。

装饰装修项目技术管理的基本任务是：贯彻党和国家的各项技术政策和法令，执行国家和上级制定的技术规范、规程，按照创全优工程的要求，科学地组织各项技术工作，建立正常的技术工作秩序，提高装饰装修企业的技术管理水平，不断革新原有技术并采用新技术，达到保证工程质量、提高劳动效率、实现安全生产、节约材料和能源、降低工程成本的目的。

（2）技术管理的要求。

①贯彻国家的技术政策。国家的技术政策是根据国民经济和生产发展的要求和水平提出来的，如现行的施工与验收规范或规程，是带有强制性和方向性的决定，在技术管理中必须正确地贯彻执行。

②按照科学规律办事。技术管理工作必须要实事求是，采取科学的工作态度和工作方法，按照科学规律组织和进行技术管理工作。对于新技术的开发和研究，应积极支持，但是新技术的推广使用，应经过试验和技术鉴定，在取得可靠数据并证明其确实技术可行、经济合理之后，才能逐步推广使用。

③讲求经济效益。在技术管理中，应对每一种新的技术成果认真做好技术经济分析，考虑各种技术经济指标和生产技术条件，以及今后发展等因素，全面评价其经济效益。

2. 技术管理的内容

建筑装饰装修企业技术管理的内容一般分为基础工作和业务工作两大部分。

（1）基础工作。

基础工作是指为开展技术管理活动创造前提条件的最基本的工作。包括技术责任制、技术标准与规程、技术原始记录、技术文件管理、科学研究与信息交流等工作。

（2）业务工作。

业务工作是指技术管理中日常开展的各项业务活动。主要包括施工技术准备工作、施工过程中的技术管理工作、技术开发工作。其中，施工技术准备工作包括施工图纸会审、编制施工组织设计、技术交底、材料技术检验、安全技术等；施工过程中的技术管理工作包括技术复核、质量监督、技术处理等；技术开发工作包括科学技术研究、技术革新、技术引进、技术改造、技术培训等。

基础工作和业务工作是相互依赖并存的,缺一不可。基础工作为业务工作提供必要的条件,任何一项技术业务工作都必须依靠基础工作才能进行。但是企业做好技术管理的基础工作并不是最终目的,技术管理的基本任务必须由各项具体的业务工作来完成。

2.3.2 技术管理制度

1.技术责任制度

技术责任制度,又称为技术责任制。它在装饰装修项目技术管理中,在对各级技术人员系统分工的基础上,规定了各种技术岗位的职责范围,以便整个企业的技术活动能够有条不紊地进行。建立技术责任制的目的是把企业生产组织中的技术工作,全部纳入到统一的轨道中,保证企业各级组织中的各种技术岗位人员能够各负其责,切实保证施工技术工作的顺利进行和工程质量的提高。

(1)总工程师(总公司或公司)的职责。

①组织贯彻执行国家有关技术政策和上级颁发的技术标准、规范、规程及各项技术管理制度。

②领导编制和实施各项科学技术发展规划、技术措施计划。

③领导编制施工组织大纲,重大工程的施工组织设计。

④审批分公司上报的技术文件和报告。

⑤主持重要的施工技术会议;处理重大的施工技术、重大的质量事故和安全措施问题。

⑥领导科技情报工作,组织、审批技术革新、技术改造和建议。

⑦鉴定和审定重要的科学技术成果和技术核定工作。

⑧参加大型建设项目和特殊工程设计方案的选定和会审。

⑨参与引进项目的考察和谈判工作。

⑩组织领导技术培训工作,并对技术人员的工作安排、晋级、奖惩等方面提出参考意见。

(2)主任工程师(分公司)的职责。

①主持编制中小型工程的施工组织设计,审批单位工程的施工方案。

②主持图纸会审和重要工程的技术交底。

③组织技术人员学习和贯彻执行各项技术政策、技术规程、规范、标准和各项技术管理制度。

④组织制定保证工程质量、安全施工的技术措施。

⑤主持主要工程的质量检查,处理有关施工技术和质量问题。

⑥深入现场,指导施工,督促技术负责人遵守规范、规程和按图施工,发现问题及时解决。

⑦主持技术会议,组织技术人员努力学习业务,不断提高施工技术水平等。

(3)技术队长(项目部)的职责。

①编制单位工程施工方案,制定各项工程施工技术措施,并组织实施。

②参与单位工程设计交底、图纸会审,向单位工程技术负责人及有关人员进行技术交底。

③负责指导施工人员按照设计图纸、规范、规程、施工组织设计和施工技术措施进行施工。

④发现重大问题及时上报技术领导以求尽快处理和解决。

⑤负责组织复查单位工程的测量定位、抄平、放线工作。

⑥指导施工队、班组的质量检查工作。

⑦参加隐蔽工程验收,处理质量事故并向上级负责人报告。

⑧负责组织工程档案中各项技术资料的鉴证、收集、整理并汇总上报等。

（4）工程技术负责人的主要职责。

工程技术负责人是第一线负责技术工作的人员,要对单位工程的施工组织、施工技术、技术管理、工程核算等全面负责。工程技术负责人的主要职责如下:

①做好经济管理工作,参与开工前施工预算的编制工作和竣工后的工程结算工作。

②做好技术交底工作,要组织有关人员审查、学习、熟悉图纸及设计文件,并对施工现场有关人员进行技术交底。

③制定技术措施,负责编制施工组织计划,制定各种作业的技术措施。

④做好技术鉴定,负责技术复核。

⑤抓好技术标准工作,负责贯彻执行各项技术标准、设计文件以及各种技术规定,严格执行操作规程、验收规范及质量检验标准。

⑥做好各项材料试验工作。

⑦搞好技术革新,不断改进施工程序和操作方法。

⑧搞好施工管理,负责施工日记和施工记录工作。

⑨搞好资料整理,负责整理技术档案的全部原始资料。

⑩搞好技术培训,负责工人技术教育等。

2. 图纸会审制度

图纸会审制度是指每项工程在施工之前,均要在熟悉图纸的基础上,对图纸进行会审。这样做的目的是领会设计意图,明确技术要求,发现其中的问题和差错,以避免造成技术事故和经济上的浪费。图纸会审是一项极其严肃、认真的技术工作,应由建设单位组织设计单位和施工单位共同参与进行。

（1）图纸会审的步骤。

①识读图纸。施工队及各专业班组的各级技术人员,在施工前应认真识读、熟悉有关图纸,了解本工种、本专业设计要求达到的技术标准,明确工艺流程和质量要求等。

②初审图纸。在认真识读和熟悉图纸的基础上,详细核对本专业工程图的详细情况,如节点构造、尺寸等。初审一般由项目部组织进行。

③会审图纸。在初审的基础上,各专业核对图纸,消除差错,协商配合施工事宜,搞好装修与土建、装修与室内给排水、装修与建筑电气、装修与室内设备安装之间的配合等。

④综合会审。综合会审是指总承包单位或协作配合单位之间的施工图审查,在图纸会审的基础上,核对各专业之间的配合事宜,寻求最佳的合作方案。综合会审一般应由总承包单位组织。

（2）识读、审查图纸的重点。

①设计施工图必须是有资质的设计单位正式签署的图纸。一般情况下,非正式设计单位的图纸或设计单位没有正式签署的图纸不得用于施工。

②设计计算的假定条件和采用的处理方法是否符合实际情况,施工时有无足够的稳定性,对安全施工有无影响。

③核对各专业图纸是否齐全,各专业图纸本身及相互之间有无错误和矛盾,如各部位尺

寸、平面位置、标高、预留孔洞、预埋件、节点大样和构造说明等有无错误和矛盾。如果有,则应在施工前通知设计单位协调解决。

④设计提出的新技术、新工艺、新材料和特殊技术要求是否能够做到,难度有多大,施工前应做到心中有数。

(3)图纸会审中提出问题的处理。

施工企业应认真做好图纸会审工作,并将会审中发现的有关问题用书面方式在设计交底会议上提出。对施工企业提出的有关问题,几方需要共同协商,并根据具体情况修改设计。对于变动大且技术较为复杂的问题,应另行补图。如果设计变更改变了原本的设计意图或工程投资增加较多时,则应先征得几方(特别是甲方和监理方)的同意,然后才可共同办理有关手续。

3. 技术交底制度

技术交底是指工程开工之前,由各级技术负责人将有关工程的各项技术要求逐级向下贯彻,直至施工现场,使参与施工的技术人员和工人明了所担负任务的特点、技术要求和施工工艺等,做到心中有数。

(1)技术交底的内容。

①图纸交底。其目的在于使施工人员了解工程的设计特点、构造、做法、要求、使用功能等,以便掌握和了解设计意图和设计关键,方便按图施工。

②施工组织设计交底。施工组织设计交底是指将施工组织设计的全部内容向班组进行交代,使班组能够了解和掌握本工程的特点、施工方案、施工方法、工程任务的划分、进度要求、质量要求及各项管理措施等。

③设计变更交底。设计变更交底是指将设计变更的结果及时向施工人员和管理人员进行统一的说明,便于统一口径,避免施工差错,同时也便于经济核算。

④分项工程技术交底。它是各级技术交底的关键。其内容主要包括施工工艺,质量标准,技术措施,安全要求及新技术、新工艺和新材料的特殊要求等。

(2)技术交底的方法。

技术交底应根据工程规模和技术复杂程度的不同而采取相应的方法。重点工程或规模大、技术复杂的工程,应由公司总工程师组织有关部门(如技术处、质量处、生产处等)向分公司和有关施工单位交底;对于中小型工程,一般可由分公司的主任工程师或项目部的技术负责人向有关职能人员或施工队(或工长)交底。

技术交底一般包括口头交底、书面交底和样板交底等方式。如无特殊要求,各级技术交底工作应以书面交底为主,口头交底为辅。书面交底应由交接双方签字归档。对于重要的、技术难度大的工程项目,应采用样板交底、书面交底和口头交底相结合的方法。样板交底的内容通常包括施工分层做法、工序搭接、质量要求、成品保护等。

4. 材料验收制度

在施工中,使用的所有原料、材料、构配件和设备等物资,必须由供应部门提供合格证明和检验单,各种材料在使用前应按照规定进行抽样检验,新材料要经过技术鉴定合格后方可在工程上使用。

5. 技术复核和施工日志制度

(1)技术复核制度

在现场施工中,为了避免发生重大差错,对于重要的或影响工程全局的技术工作,必须依据设计文件和有关技术标准进行复核工作。

施工企业应认真健全现场技术复核制度,明确技术复核的具体项目,复核中发现问题时要及时进行纠正。

(2)施工日志制度。

施工日志也称为施工技术日记,是工程项目施工全过程中有关技术方面的原始记录,是改进和提高技术管理水平的重要工作。单位工程技术负责人应从工程施工开始到工程竣工为止,不间断地详细记录每天的施工情况。

6. 工程质量检查和验收制度

在现场施工过程中,为了保证工程的施工质量,必须根据国家规定的质量标准逐项检查操作质量和中间产品质量,并根据装饰装修工程的特点,在质量检查的基础上进行隐蔽工程、分项工程和竣工工程的验收。

(1)隐蔽工程验收。

隐蔽工程验收是指在施工过程中,对将被下一道工序掩盖的工程进行检查验收。这类工程由于要进行隐蔽,所以不能等整个工程交工验收,必须要随时验收,评定其质量等级,办理鉴证手续。

(2)分项工程验收。

分项工程验收是指在某一分项工程的某一阶段施工结束以后,由施工单位邀请建设单位、设计单位进行检查验收。

(3)竣工验收。

竣工验收是指工程完工以后和交工之前所进行的综合性检查验收。在正式交工验收之前,施工单位要进行自检自验,发现问题应及时解决。竣工验收时,应由建设单位、设计单位、质检部门会同施工单位对所有项目和单位工程按照国家规定的标准评定等级,办理验收手续,归入技术档案。

7. 工程技术档案制度

建立工程技术档案,系统地积累施工技术资料,是为施工工程交工后的合理使用、维护、维修及以后施工提供依据。

2.3.3 技术组织措施和技术革新

1. 技术组织措施

(1)技术组织措施。

技术组织措施主要包括以下几项内容:

①改进施工工艺和操作技术,加快施工速度,提高劳动生产率的措施。

②提高工程质量的措施。

③推广新技术、新工艺和新材料的措施。

④提高机械化施工水平、改进机械设备和组织管理以提高完好率、利用率的措施。

⑤节约原材料、动力、燃料和劳动力,降低成本,提高经济效益的措施。

(2)技术组织措施的落实。

为了能够实施技术组织措施,企业在下达施工计划的同时,还应将技术组织措施计划下达到工区(或分公司)和施工队;施工队技术组织措施要直接下达到栋号(施工项目承包组)、工长及有关班组,督促其执行并认真检查。每月底,施工项目承包组和班组要汇总当月的技术组织措施计划执行情况,以便总结经验并不断予以完善。

2.技术革新

技术革新是对企业现有技术水平进行改进、更新和提高的工作。它导致技术发展量的变化,使企业的技术水平不断提高。

(1)技术革新的主要内容。

①改进施工工艺和改革操作方法。

②改革原料、材料和资源的利用方法。

③改进施工机具,提高机具利用率。

④管理手段的现代化。

⑤施工生产组织的科学化。

(2)技术革新的组织与方法。

开展技术革新必须加强领导,发动群众,调动各方面的积极性和创造性。为此,在组织上和方法上要抓好以下几项工作:

①联系群众,解决施工生产中的关键问题。企业的技术革新活动要明确目标,针对施工生产中的主要问题,制订计划和措施,提出技术革新的方向和课题,充分发动群众积极参与技术革新,利用群众的聪明才智推动生产的发展。

②解放思想,勇于探索,尊重科学,组织攻关。技术革新不仅要打破旧框框、老传统,勇于探索,敢于创新,同时还要尊重科学,避免盲目性和形式主义的做法。

③做好技术革新成果的巩固、提高和推广工作。

④认真计算技术革新在促进生产发展中的效果,同时还要根据革新成果被采纳后所产生效果的大小给予奖励。

2.3.4　工程技术档案的任务

工程技术档案是国家整个技术档案中的一个组成部分。它是记述和反映工程施工技术科研等活动,具有保存价值,并按照一定的档案制度,真实记录集中保管起来的技术文件资料。

工程技术档案工作的任务是:按照一定的原则和要求,系统地收集和记录工程建设全过程中具有保存价值的技术文件资料,并按照归档制度加以整理,以便在工程交工验收以后能够完整地移交给有关技术档案管理部门。

1.工程技术档案的收集

在工程技术档案收集的过程中,首先要把工程技术档案的技术资料区分开来,然后按照工程技术档案的内容和程序进行收集。

施工企业技术档案收集的内容主要可分为两个部分,即建设单位保管的档案和施工单位保管的档案。

(1)建设单位保管的档案。

该部分是工程交工验收以后送交建设单位保管的档案。其内容主要包括:

①竣工图和竣工工程项目一览表。

②图纸会审记录,设计变更和技术核定单。

③材料、构配件和设备的质量合格证明。

④工程质量评定单,隐蔽工程验收记录和质量事故处理记录。

⑤设备和管线等的调试、试压、试运转等记录。

⑥由施工单位和设计单位所提出的建(构)筑物、设备使用注意事项方面的文件及有关该工程的技术决定。

(2)施工企业保存档案。

该部分是由施工企业保存,供本单位今后施工参考的档案。其内容包括:

①施工组织设计、经验采用和改进记录。

②技术革新建议的试验、采用和改进记录。

③重大质量和安全事故情况的原因分析及补救措施记录。

④有关重大技术决定和其他施工技术管理的经验总结。

⑤施工日志。

2. 工程技术档案的整理

工程技术档案的整理工作主要包括技术档案材料的系统整理和技术档案的目录编制两部分。

技术档案的系统整理是指在技术档案资料全面收集的基础上,对技术档案材料进行科学的分类和有秩序的排列。工程技术档案一般按照工程项目进行分类,以便了解同一项目工程的全貌。而每一类下又可按照专业分为若干类,以便查找。

技术档案的目录编制,可根据企业编目的规定和习惯,按照一定形式和要求编制。

2.3.5　工程项目信息管理

1. 建筑装饰装修工程项目信息管理概述

(1)信息。

信息是经过加工以后的数据,它对于接收者来说有利用的价值,对于决策或行为则有现实或潜在的价值。数据是原材料,它是一组表示数量、行动和目标的非随机的可鉴别的符号。对此,按照某种需求进行一系列的加工和处理所得到的对决策或行动有价值的结果才是信息。数据和信息的关系如图2.9所示。

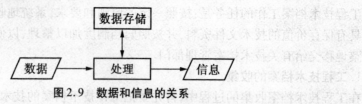

图2.9　数据和信息的关系

总之,信息是一个社会概念,它是共享的人类的一切知识、学问以及客观现象加工提炼出来的各种消息之和。

(2)信息的特征。

在管理信息活动中,充分了解信息的特征有助于充分、有效地利用信息,并且能够更好地为项目管理服务。信息具有以下特征:

①事实性。事实是信息的中心价值,不符合事实的信息不仅不能使人增加任何知识,而

且还是有害的。

②时效性。信息的时效性是指从信息源发送信息,经过接收、加工、传递、利用的时间间隔及其效率。时间间隔越短,使用信息越及时,使用程度越高,则时效性越强。

③不完全性。关于客观事实的知识是不可能全部得到的,数据收集或信息转换要有主观思路,不能主次不分。只有正确舍弃无用和次要的信息,才能够正确地使用信息。

④等级性。管理信息系统是分等级的,位于不同级别的管理者有着不同的职责。处理的决策类型不同,那么需要的信息也就不同。因此,信息也是分级的。通常把信息分三级,即高层管理者需要的战略级信息、中层管理者需要的策略级信息和基层作业者需要的执行作业级信息。

⑤共享性。信息只能分享,不能交换。告诉别人一个消息,自己并不失去它。信息的共享性使信息成为一种资源,使管理者能够很好地利用信息进行工程项目的规划和控制,从而有利于实现项目目标。

⑥价值性。信息是经过加工并对生产经营活动产生影响的数据,它是由劳动创造的,是一种资源,因而是有价值的。

(3)信息管理。

信息管理是指在项目的各个阶段,对所产生的、面向项目管理业务的信息进行收集、传递、加工、储存、维护和使用等信息规划和组织工作的总称。

①信息的收集。收集信息要先识别信息,确定信息需求。信息的需求应从项目管理的目标出发,从客观情况调查入手,加上主观思路所规定数据的范围。关于信息的收集,应按照信息规划,建立信息收集渠道的结构,即明确各类项目信息的收集部门、收集人,从何处收集,采用何种采集方法,所收集信息的规格、形式,何时进行收集等。收集信息,最重要的是必须保证所需信息的准确、完整、可靠并且及时。

②信息的传递。传递信息同样也应建立信息传递渠道的结构,明确各类信息应传输至何地点、传递给何人、何时传输、采用何种传输方法等。应按照信息规划规定的传递渠道,将项目信息在项目管理有关各方、各个部门之间及时地进行传递。信息传递者应保持原始信息的完整、清楚,使信息接收者能够准确理解接收信息。

项目的组织结构与信息流程有关,它决定了信息的流通渠道。一般在一个工程项目中存在着三种信息流,即自上而下的信息流、自下而上的信息流和横向间的信息流。

③信息的加工。数据要经过加工以后才能成为信息。信息与决策之间的关系是:数据→预信息→信息→决策→结果。

数据经过加工以后成为预信息或统计信息,再经过处理、解释之后才能成为信息。项目管理信息的加工和处理,应明确由哪个部门、哪个人具体负责,并明确各类信息加工、整理、处理和解释的要求,加工、整理的方式,信息报告的格式,信息报告的周期等。

对于不同管理层次,信息加工者应提供不同要求和不同浓缩程度的信息。工程项目的管理人员可分为高级、中级和一般管理人员。不同等级的管理人员所处的管理层面不同,他们实施项目管理工作的任务、职责也不相同,因此所需要的信息也就不同。如图2.10所示,在项目管理班子中,由下向上的信息应逐层浓缩,而由上向下的信息则应逐层细化。

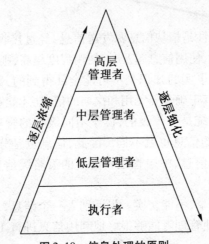

图 2.10　信息处理的原则

④信息的存储。信息存储的目的是将信息保存起来以备将来使用,同时也是为了信息的处理。信息的存储应明确由哪个部门、哪个人操作,存在于什么介质上;怎样分类、怎样有规律地进行存储,要存储什么信息、存多长时间、采用什么样的信息存储方式等。主要应根据项目管理的目标来确定。

⑤信息的维护与使用。信息的维护是保证项目信息处于准确、及时、安全和保密的合用状态,能够为管理决策提供使用服务。信息的准确性是指要保持数据是最新、最完整的状态;及时性是指能够及时地提供信息;安全性和保密性是指要防止信息受到破坏和信息失窃。

(4)管理信息系统。

①管理信息系统及其特点。管理信息系统是由人和计算机等组成的能够进行信息收集、传输、加工、保存、维护和使用的系统。它能够实测项目及其运行情况,能够利用过去的数据预测未来,能够从全局出发辅助决策,能够利用信息控制项目的活动,并帮助其实现规划目标。

管理信息系统的特点可归纳为以下几点:

a. 数据集中统一,采用数据库。严格来说,只有数据统一,才算构成信息资源。

b. 数学模型的应用。

c. 有预测和控制的能力。

d. 面向决策。

②管理信息系统的发展。管理信息系统经历了从电子数据处理阶段到管理信息系统阶段的发展过程。

a. 电子数据处理(1953～1960年)。数据处理的人工系统在计算机问世之前就已经存在了,因此计算机一出现就首先运用到数据处理上。当时主要以计算机代替手工劳动,如统计系统、工资等。

b. 信息报告系统(1961～1970年)。信息报告系统是管理信息系统的雏形,其特点是按照事先规定的要求提供管理报告,用以支持决策制定。

c. 决策支持系统(1970～1980年)。决策支持系统与信息报告系统不同。信息报告系统主要为管理者提供预定的报告,而决策支持系统则是在人与计算机交互的过程中帮助决策者探索可能的方案,生成为管理者决策所需的信息。

d. 管理信息系统的进一步发展(1980年至今)。随着微型计算机处理能力和电子通信网的高速发展,管理信息系统进一步出现了一些新的概念,如专家系统和其他基于知识的系统、执行信息系统(用于支持领导层的决策)、战略信息系统(用于在竞争中支持战略决策)等。

2. 建筑装饰装修工程项目管理信息系统概述

建筑装饰装修工程项目管理信息系统是以装饰装修工程项目作为目标系统,并且利用计算机辅助建筑装饰装修工程项目管理的信息系统。

(1)建筑装饰装修工程项目管理的信息。

①费用控制信息。包括:预算资料、资金使用计划、各阶段费用计划以及费用定额、指标等;实际费用信息,如已支出的各项费用,各种付款账单,工程计量数据,工程变更情况,现场签证,以及物价指数,人工、材料设备、机械台班的市场价格信息等;费用计划与实际值比较分析信息;费用的历史经验数据、现行数据、预测数据等。

②进度控制信息。包括:单体工程计划、操作性计划、物资采购计划等,以及工程实际进度统计信息、项目日志、计划进度与实际进度比较信息、工期定额、指标等。

③质量控制信息。包括:项目的功能、使用要求,有关标准及规范,质量目标和标准,设计文件、资料、说明,质量检查、测试数据,隐蔽验收记录,质量问题处理报告,各类备忘录、技术单,材料、设备质量证明等。

④合同管理信息。包括:建筑法规,招投标文件,项目参与各方的情况信息,各类工程合同,合同执行情况信息,合同变更、签证记录,工程索赔事项情况等。

⑤项目其他信息。包括:有关政策、制度规定等文件,政府及上级有关部门的批文,市政公用设施资料,工程来往函件,工程会议信息(如设计工作会议、施工协调会、工程例会等的会议纪要),各类项目报告等。

以上项目信息可以是文字信息、语言信息,也可以是图视信息。它们有的是项目内部信息,有的则是来自于项目外部环境的信息。

(2)计算机辅助建筑装饰装修工程项目管理。

现如今,建筑装饰装修工程项目的规模和要求出现了许多根本性的变化,需要处理大量的信息,这就要求处理时间短、速度快,又准确,才能及时提供相关的项目决策信息。应用计算机辅助管理,进行建筑装饰装修工程项目管理信息的处理已经成为建筑装饰装修工程项目管理发展的必然趋势。

①计算机能够快速、高效地处理项目所产生的大量数据,提高信息处理的速度,准确地提供项目管理所需要的最新信息,辅助项目管理人员及时、正确地做出决定,从而实现对项目目标的控制。

②计算机能够储存大量的信息和数据,采用计算机辅助信息管理,可以集中储存与项目有关的各种信息,并能够随时取出被储存的数据,为项目管理提供有效的使用服务。

③计算机能够方便地形成各种形式、不同需求的项目报告的报表,提供不同等级的管理信息。

④利用计算机网络,可以提高数据传递的速度和效率,充分利用信息资源,加强信息联系。

高水平的项目管理离不开先进、科学的管理手段。在项目管理中应用计算机,可以辅助发现存在的问题,并且能够帮助编制项目规划,辅助进行控制决策,帮助实时跟踪检查。计算机辅助工程项目管理是有效实施项目管理的重要保证。

(3)建筑装饰装修工程项目管理信息系统。

①建筑装饰装修工程项目管理信息系统的基本概念。建筑装饰装修工程项目管理信息系统是以建筑装饰装修工程项目为目标系统,利用计算机辅助建筑装饰装修工程项目管理的信息系统。计算机辅助管理的软件,按照其数据处理的综合集成度可分为以下四种:

a.部分程序。一个部分程序只能解决一个问题的某一部分。

b.单项软件。单项软件可以解决一个完整的问题,进行单项事务处理,其主要是模仿人工工作过程,如计算工资、编制施工图预算、进度计划编制等。

c.软件链。一个软件链是由若干个单项软件所组成的,它是从单项应用发展至数据共享的职能事务处理系统。例如,工程项目进度管理系统,可以建立和优化进度计划,对项目资源进行安排、进度查询、跟踪比较项目进度等。

d.软件系统。软件系统是由几个数据关联的软件链组合而成的。

为实现资源共享、提高数据处理的效率和质量,应建立计算机辅助管理系统。软件系统是按照总体规划、标准和程序,根据需要,经过对一个个子系统进行开发而实现的。

②建筑装饰装修工程项目管理信息系统的结构和功能。一般,建筑装饰装修工程项目管理信息系统(PMIS)主要是由费用控制子系统、进度控制子系统、质量控制子系统、合同管理子系统和共用数据库所构成的,其结构如图2.11所示。

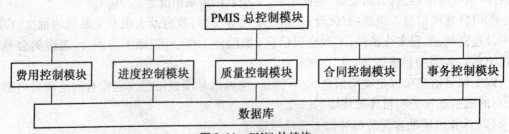

图2.11　PMIS的结构

工程项目管理信息系统是一个由几个功能子系统相互关联而构成的一体化的信息系统。其特点是:提供统一格式的信息,简化各种项目数据的统计和收集工作,降低信息成本;及时全面地提供不同需要、不同浓缩度的项目信息,以便能够迅速做出分析解释,及时产生正确的控制;完整、系统地保存大量的项目信息,能够方便、快速地查询和综合,为项目管理决策提供信息支持;利用模型方法处理信息,预测未来,科学地进行决策。

工程项目管理信息系统的主要功能如下:

a.费用控制。内容包括:计划费用数据处理;实际费用数据处理;计划/实际费用比较分析;费用控制;资金投入控制;报告、报表生成。

b.进度控制。内容包括:编制项目进度计划,绘制进度计划的网络图、横道图;项目实际进度的统计分析;计划/实际进度比较分析;进度变化趋势预测;计划进度的调整;项目进度各类数据查询。

c.质量控制。内容包括:项目建设的质量要求和标准的数据处理;材料、设备验收记录、查询;工程质量验收记录、查询;质量统计分析、评定的数据处理;质量事故处理记录;质量报告、报表生成。

d. 合同管理。内容包括：合同结构模式的提供和选用；各类标准合同文本的提供和选择；合同文件、资料的登录、修改、查询和统计；合同执行情况的跟踪和处理过程的管理；合同实施报告、报表生成；建筑法规、经济法规查询。

③建筑装饰装修工程项目管理信息系统的建立与开发

a. 项目管理信息系统的建立要确定的基本问题。项目管理信息系统的建立要确定以下几个基本问题：

·信息的需要。包括：项目管理者需要哪些信息；以什么样的形式、什么时间；以什么样的渠道供应等。管理者的信息需求是按照其在组织系统中的职责、权力、任务和目标来设计的。

·信息的收集和加工。信息的收集包括：项目管理者所需要的信息是由哪些原始资料、数据加工而得来的；由谁负责这些原始数据的收集；这些资料、数据的内容、结构和准确程度如何；从什么样的渠道（从何处）获得这些原始数据、资料等。由于这些原始资料面广、量大，形式丰富多彩，所以必须经过信息加工才能得到可供决策的信息，并且符合不同层次项目管理的不同要求。

·信息的使用和传递渠道。信息的传递渠道是信息系统中项目各参加者之间的纽带。其作用是使信息能够顺利地流动，并将各项目参加者沟通起来，形成项目管理信息系统。

b. 项目管理信息系统的总体描述。项目管理信息系统可以从以下几个角度进行总体描述：

·项目参加者之间的信息流通。项目的信息流通就是信息在项目参加者之间的流通。它通常与项目的组织模式类似，项目管理者要具体设计这些信息的内容、结构、传递时间、精确程序和其他要求。在信息系统中，每个参加者都是信息系统网络上的一个节点。他们负责具体信息的收集（输入）、传递（输出）和信息处理工作。

例如，在项目实施过程中，业主需要以下信息：项目实施情况月报，包括工程质量、成本、进度总报告；项目成本和支出报表，一般按照分部工程和承包商作成本和支出报表；供审批用的设计方案、计划、施工方案、施工图纸等；各种法律、规定、规范，以及其他与项目实施有关的资料等。根据这些信息，业主做出各种指令，如修改设计、变更施工顺序等；审批各种计划、设计方案、施工方案等；向董事会提交工程项目实施情况报告。项目经理通常需要各项目管理职能人员的工作情况报表、汇报、报告、工程问题请示；业主的各种口头和书面的指令、各种批准文件等。

·项目管理职能之间的信息流通。项目管理系统是一个非常复杂的系统。它由许多子系统构成，如计划子系统、合同子系统、成本子系统、质量和技术子系统等，这些子系统共同构成了项目管理系统。按照管理职能划分，可以建立各个项目管理信息子系统。例如，成本管理信息系统、合同管理信息系统、质量管理信息系统、材料管理信息系统等，它们是为专门的职能工作而服务的，用来解决专门信息的流通问题。

c. 系统的开发步骤。项目管理信息系统应按照以下步骤进行开发：

·系统规划。是指要提出系统开发的要求，通过一系列的调查和可行性研究工作，确定项目管理信息系统的目标和主要结构，制定系统开发的全面计划，用来指导信息系统研制的实施工作。

·系统分析。该步骤是整个开发过程的重要阶段。它包括对项目任务的详细了解和分析,并在此基础上,通过数据的收集、分析以及系统数据流程图的确定等,决定最优的系统方案。

·系统设计。系统设计是指根据系统分析的结果进行新系统的设计。它包括确定系统总体结构、计算机系统流程图和系统配置,进行模块设计、系统编码设计、数据库结构设计、输入输出设计、文件设计和程序设计等。

·系统实施。系统实施也称为系统实现。它包括机器的购置、安装,程序的调试,基础数据的准备,系统文档的准备,人员培训,以及系统的运行与维护等。

·系统评价。信息系统建成及投入运行以后,需要对系统进行评价,估计系统的技术性能和工作性能,检查系统是否达到预期目标,系统的功能是否按照文件要求实现,进而对系统的应用价值和经济效益做出评价。

3.计算机辅助建筑装饰装修工程项目管理

(1)计算机辅助建筑装饰装修工程项目进度控制系统。

项目进度控制系统是在计算机和网络计划技术的基础上建立起来的。对于建筑装饰装修工程建设项目,简单的横道图已经不能满足工程进度控制的需要,也不利于计算机的处理和经常的进度计划调整,因此网络计划技术已经成为工程进度控制最有效,也是最基本的方法。在项目实施之前,可以利用计算机编制和优化进度计划;在项目实施过程中,可以利用计算机对工程进度执行情况进行跟踪检查和调整。归纳起来,项目进度控制系统的主要功能应包括:数据输入;进度计划的编制;进度计划的优化;工程实际进度的统计分析;实际进度与计划进度的动态比较;进度偏差对后续工作影响的分析;进度计划的调整;工程进度的查询、增加、删除和更改;各种图形及报表输出;数据输出。

①横道图进度计划的编制。

a.按顺序输入各工作的编号及名称。

b.确定各项工作的持续时间和所需资源(可直接输入计算机或从其他模块中获得)。

c.确定各项工作之间的合理搭接关系。

d.生成横道图。

②编制网络进度计划。

a.建立数据文件。

b.时间参数计算程序。

c.部分计算结果的输出。

(2)计算机辅助建筑装饰装修工程项目质量控制系统。

建筑装饰装修工程项目管理人员为了实施对建筑装饰装修工程项目质量的动态控制,需要由建筑装饰装修工程项目信息系统质量模块提供必要的信息支持。

计算机辅助建筑装饰装修工程项目质量管理系统的基本功能包括以下几个方面:

①存储有关设计文件及设计变更,进行设计文件的档案管理。

②存储有关建筑装饰装修工程质量标准,为建筑装饰装修工程项目管理人员实施质量控制提供依据。

③提供多种灵活的方法用以帮助用户采集、编辑和修改原始数据。

④数据结构清晰,有利于对质量的判定。

⑤具有丰富的图形文件和文本文件,为质量的动态控制提供了必要的物质基础。

⑥根据现场采集的数据资料,逐级生成各层次的质量评定结果。

(3)计算机辅助建筑装饰装修工程项目成本控制系统。

建筑装饰装修工程项目成本控制系统模块主要用来收集、存储和分析建筑装饰装修工程项目成本信息,在建筑装饰装修工程项目实施的各个阶段制定成本计划,收集实际成本信息,并进行实际成本与计划成本的对比分析,从而实现建筑装饰装修工程项目成本计划的动态控制。

计算机辅助建筑装饰装修工程成本管理系统的基本功能包括以下几个方面:

①输入计划成本数据,明确成本控制的目标。

②根据实际情况调整有关价格和费用,以反映成本控制目标的变动情况。

③输入实际成本数据,并进行成本数据的动态比较。

④进行成本偏差分析。

⑤进行未完工程的成本预测。

⑥输出有关报表。

2.4 装饰装修工程项目合同管理

2.4.1 经济合同的法律制度

1.经济合同

经济合同是指具有平等民事主体的法人、其他经济组织、个体工商户、农村承包经营户相互之间,为实现一定的经济目标,明确相互的权利和义务而订立的合同。

(1)合同的类别。

经济合同的类别一般包括:购销合同、建设工程承包合同、加工承揽合同、货物运输合同、供用电合同、仓储保管合同、财产租赁合同、借款合同、财产保险合同、科技协作以及其他经济合同等。当前新的合同形式不断出现:如建设监理委托合同、企业承包经营合同、融资租赁合同、行纪合同、居间合同、旅游合同、土地使用权有偿转让合同、无息贷款合同、无偿寄存合同、赠与合同等。

(2)合同的有效条件。

①当事人要有合格的资格,如法人、法人代表人或委托代理人,且不超越经营范围。

②内容要合法。合同的内容要符合法律、行政法规的规定。

③形式和订立程序要合法。合同应采用书面形式,但一手交钱一手交货、即时清结者除外。并且有要约和承诺的明确规定、鉴证、公证、主管部门登记、批准等。

(3)九种无效合同。

①违反法律和行政法规的合同。

②采取欺诈、胁迫等手段签订的合同。

③代理人超越代理权限签订的合同或以被代理人名义与自己或与自己所代理的其他人签订的合同。

④违反国家利益或社会公共利益的经济合同。

⑤无法人资格且不具有独立生产经营资格的当事人签订的合同。

⑥无行为能力人签订的或限制行为能力人依法不能签订合同时所签订的合同。

⑦恶意串通,损害第三人利益的合同。

⑧盗用他人名义签订的合同。

⑨乘人之危,使另一方当事人在违背真实意志的情况下签订的合同。

合同一旦确认无效后,立即终止履行,并返还财产、赔偿损失或追缴财产。

2. 经济合同主要条款

主体之间应遵循平等互利、协商一致的原则,订立合同的以下条款:

(1)标的。即双方的权利和义务共同指向的事物,也就是合同法律关系的客体。通常指工程项目、货物、劳务、货币等。

(2)数量和质量。数量是计算标的的尺度,以便计算价格和酬金。质量是标的物内在的特殊物质属性和社会属性,它是标的物价值和使用价值的集中体现。

(3)价金。是价款和酬金的简称。

(4)履行的期限、地点和方式。是指交付标的和价金的起止日期、地点,以及采用何种具体方式转移标的物和结算价金。

(5)违约责任。是制裁性条款,有担保作用。如支付违约金、偿付赔偿金、发生以外事故的处理等。

(6)合同争议的处理,以及其他当事人双方要求必须写明的条款等。

3. 经济合同订立的程序

(1)"要约——新要约——再要约——直至承诺"的过程。

要约是指当事人一方向另一方提出订立合同的要求和合同的主要条款,并限定其在一定期限内做出承诺的意思表示。要约是一种权利,并且是一种法律行为。

承诺是指当事人一方对另一方发来的要约,在有效期限内做出完全同意要约条款的意思表示。承诺是一种义务,也是一种法律行为。

(2)鉴证。

鉴证是经济合同管理机关根据当事人双方的申请,对签订的合同进行审查以证明其真实性和合法性,并督促检查双方认真履行合同的法律制度。鉴证属于工商行政管理机关的行政管理行为,不具有直接强制执行的证据效力。

(3)公证。

公证是国家公证机关根据当事人双方的申请,对签订合同的真实性和合法性依法进行审查并确认其效力的法律制度。公证属于司法行政机关的司法管理行为,具有法定证据效力。

4. 经济合同纠纷的解决

经济合同纠纷的解决方式一般包括以下四种:

(1)协商。

双方均以积极主动的态度,抓紧时机,在尊重客观事实的基础上,通过平等协商,化解矛盾,达成协议,并以书面形式签署和解协议书。

(2)调解。

当协商不成功时,可由双方都接受的"权威"方对当事人进行说服教育,促使双方做出适当让步,平息争议,自愿达成和解协议,以求解决合同纠纷。

（3）仲裁。

仲裁是仲裁机构根据当事人的申请,对相互间的争议按照仲裁法律进行仲裁,从而解决纠纷的一种法律制度。仲裁实行自愿原则、公平合理原则、仲裁独立原则、一裁终局原则。

（4）诉讼。

诉讼是当事人依法请求人民法院行使审判权,审理双方之间发生的经济争议,并做出有国家强制力的裁决,从而保证实现其合法权益的审判活动。

2.4.2　装饰装修工程招标与投标

1.建筑装饰装修工程项目招标基本内容

（1）建筑装饰装修工程项目施工招标。

①施工招标文件的编制。招标文件的内容主要有:投标须知(包括前附表、总则、投标文件的编制与递交、开标与评标、授予合同等);合同条件;合同格式(包括合同协议书格式、银行履约保函格式);技术规范;图纸和技术资料;投标文件格式;工程量清单。

②标底的编制。

a.标底文件的主要内容。标底是招标工程的预期价格,标底文件的主要内容包括:标底综合编制说明;标底价格审定书、标度价格计算书、带有价格的工程量清单等;主材用量;标底附件(如各种材料及设备的价格来源,现场的地址、水文,地上情况的有关资料,编制标底所依据的施工组织设计)。

b.标底的计价方法。标底的计价方法分为工料单价法和综合单价法两种。前者是以施工图预算为基础的标底编制方法,先编制施工图预算,加上材料价差和不可预见费,得出标底价格;后者如工程量清单计价法,先确定综合单价,再与各分部分项工程量相乘,得到标底价格。

（2）建筑装饰装修工程项目监理招标。

以招标的方式对监理单位进行选择是业主获得高质量监理服务的方式之一。建筑装饰装修工程项目监理招标的标的是投标单位对建筑装饰装修工程项目提供的监理服务。

①监理招标文件的编制。为了指导投标者能够正确地编制投标书,建筑装饰装修工程项目监理招标文件应包括以下内容:

a.工程项目的概况,包括投资者、地点、规模、投资额、工期等。

b.所委托的监理工作的范围和建立大纲。

c.拟采用的监理合同条件。

d.招标阶段的时间计划和工作安排。

e.投标书的编制格式、内容及报送等方面的要求。

f.投标有效期。

②监理投标文件的编制。投标文件是监理单位向建设单位提出自己的监理计划,竞争监理合同的主要书面材料。投标单位应按照招标文件的规定进行投标书的编制、封装和报送。建筑装饰装修工程项目监理投标文件一般分为以下两种:

a.技术建议书。其主要内容有:监理单位简介(包括监理单位的技术、管理力量);采用监理大纲的形式来表达监理工作的计划;监理组织机构的设置;总监理工程师、专业监理工程师履历表。

b.财务建议书。其主要内容有:监理人员酬金表;仪器设备的使用费;办公费用、税金、保险费的汇总;要求业主提供的监理工作所需的设备、设施清单。

③评标。装饰装修工程监理招标评标时的首要依据是对监理单位能力的选择,而报价则居于次要地位。评标应按照技术建议书评审和财务建议书评审两个阶段进行。只有在技术评审合格的前提下,才能进行第二阶段的财务评审。为了使竞争客观、公正、全面,标书的评比应采用量化的方法,来选择信誉可靠、技术和管理能力强而且报价合理的监理单位。一般情况下,技术评审的成绩占70%~90%,财务评审的成绩占10%~30%。

④决标。在评标完成以后,由建设单位选定综合评分最高的监理单位进行合同谈判。合同谈判包括监理大纲的内容、人员配备方案和监理费用报价等方面的内容。如果双方达成了协议,则签订监理合同。否则,将与第二备选中标人谈判。

(3)建筑装饰装修工程项目设计招标。

目前,大多数建筑装饰装修工程项目设计和施工都是由施工单位来完成的。因此,建筑装饰装修工程项目设计招标的标的是招标单位对建筑装饰装修工程项目提供能够把项目的设想转变为现实的蓝图的智力服务。

①招标文件的编制。建筑装饰装修工程项目设计招标文件的内容如下:

a.设计任务书及有关文件的复印件。

b.项目说明书,包括项目内容、设计范围、图纸内容、设计进度要求等。

c.设计依据、工程项目应达到的技术指标、项目范围及项目所在地的基本资料。

d.合同的主要条件。

e.提供设计资料的内容、方式和时间,以及文件的审查方式。

f.投标须知。

②投标文件的编制。投标人应在规定的时间内,按照规定的格式报送投标书。建筑装饰装修工程项目设计投标文件的内容如下:

a.设计单位的名称、性质。

b.单位概况,包括成立时间、近期设计成果、技术人员情况、项目的效果图和施工图、文字说明、预计工期、主要技术要求、施工组织设计、投资估算、设计进度和设计费的报价等。

③评标。评标小组要根据技术是否先进、工艺是否合理、功能是否符合使用要求来决定设计方案的优劣,并根据设计进度的快慢和设计费用的报价高低、设计资历和设计信誉等条件,提出综合评标报告,推出候选的中标单位。

④决标。在决标之前,建设单位要与候选中标单位就原方案的改进和补充等方面的内容进行谈判。建设单位应根据评标报告和谈判的结果自主地决定中标单位,向中标单位发出中标通知书,并规定在一个月内由双方签订设计合同。

2.建筑装饰装修工程施工项目投标及其策略

建筑装饰装修工程施工项目特指建筑装饰装修工程的施工阶段。投标实施过程是从填写资格预审表开始,到将正式投标文件送交招标人为止所进行的全部工作。投标实施过程与招标实施过程实质上是一个过程的两个方面,它们的具体程序和步骤通常是互相衔接和对应的。投标实施的主要过程包括组织投标机构、编制投标文件、投标文件的送达。

(1)投标准备。

参与投标竞争是一件非常复杂并且充满风险的工作,因此承包者在正式参加投标之前需要进行一系列的准备工作。只有准备工作做得充分和完备,才会将投标的失误降至最低。投标准备的主要内容包括有关投标信息的调研、投标资料的准备、办理投标担保等。

①投标信息的调研。投标信息的调研是指承包者对市场进行详细的调查研究,广泛收集项目信息并进行认真分析,从而选择适合本单位投标的项目。该工作主要调查项目的规模、性质等。承包者通过上述准备工作,根据掌握的项目招标信息,并结合自己的实际情况和需要,便可确定是否参与资格预审。若决定参与资格预审,则需准备资格预审材料,开始进入下一步工作。

②投标的组织。在招标投标活动中,投标人参与投标就意味着将要面临一场竞争,比的不仅是报价的高低、技术方案的优劣,而且还要比人员、管理、经验、实力和信誉。因此,建立一个专业的、优秀的投标班子是投标获得成功的根本保证。

③准备投标资料。要做到在较短时间内报出高质量的投标资料,特别是资格预审资料,平时就要做好本单位在财务、人员、设备、经验、业绩等各方面原始资料的积累和整理工作,分门别类地存储于计算机中,并不断充实、更新。这同时也反映了单位信息管理的水平。参与投标经常用到的资料包括:营业执照,资质证书,单位主要成员名单及简历,法定代表人的身份证明,委托代理人的授权书,项目负责人的委任证书,主要技术人员的资格证书及简历,主要设备、仪器的明细情况,质量保证体系的情况,合作伙伴的资料,经验和业绩及正在实施项目的名录,经审计的财务报表等。

④填写资格预审表。资格预审表一般包括投标申请人概况、经验及信誉、财务能力、人员能力和设备五个方面的内容。

项目性质不同,招标范围就不同,资格预审表的样式和内容也将有所区别。一般应包括以下几项内容:

a. 投标人的身份证明、组织机构和业务范围表。

b. 投标人在以往若干年内从事过的类似项目经历。

c. 投标人的财务能力说明表。

d. 投标人的各类人员表以及拟派往项目的主要技术、管理人员表。

e. 投标人所拥有的设备以及为拟投标项目所投入的设备表。

f. 项目分包及分包人表。

g. 与本项目资格预审有关的其他资料。

资格预审文件的作用是向愿意参加前期资格审查的投标人提供有关招标项目的介绍,并审查由投标人提供的与能否完成本项目有关的资料。

对该项目感兴趣的投标人只要按照资格预审文件的要求填好各种调查表格并提交全部所需的资料,均可被接受,参加投标前期的资格预审。否则,将会失去资格预审资格。

在不泄露商业机密的前提下,投标人应向招标人提交能够证明上述有关资质和业绩情况的法定证明文件或其他资料。

无论是资格预审,还是资格后审,都是主要审查投标人是否符合下列条件:

a. 独立订立合同的权利。

b. 圆满履行合同的能力。包括专业、技术资格和能力,设备和其他物质设施状况,管理能力,经验、信誉和相应的工作人员。

c. 以往承担类似项目的业绩情况。

d. 并未处于被责令停业,财产被接管、冻结、破产等状态。

e. 在最近几年内(如两年内)没有与骗取合同有关的犯罪或质量责任和重大安全责任事故及其他违法、违规行为。

(2)投标前的调查与现场勘察。

建筑装饰装修工程项目施工是在土建、设备等工程的基础上进行的。因此,现场勘察对于投标书来说,影响很大。现场勘察的主要内容如下:

①各专业配套工程的施工进度、配合协调情况。

②土建、给排水、暖通、防水等工程的施工质量情况。

③材料的存放情况。

④施工所需的水电供应情况。

⑤当地气候条件和运输情况。

⑥当地的建筑装饰装修材料和设备的供应情况。

⑦当地的建筑装饰装修公认的技术操作水平和工价。

(3)分析招标文件并参加答疑。

招标文件是投标的主要依据。投标单位应仔细研究招标文件,明确其要求,熟悉投标须知,明确了解表述的要求,避免产生废标。

①研究合同条件,明确双方的权利和义务。主要包括以下内容:

a. 工程承包方式。

b. 工期及工期惩罚。

c. 材料供应及价款结算办法。

d. 预付款的支付和工程款的结算办法。

e. 工程变更及停工、窝工损失的处理办法。

②详细研究设计图纸、技术说明书。

a. 明确整个装饰装修工程设计及其各部分详图的尺寸、各图纸之间的关系。

b. 弄清工程的技术细节和具体要求,详细了解设计规定的各部位的材料和工艺做法。

c. 了解工程对建筑装饰装修材料是否有特殊要求。

(4)建筑装饰装修工程施工项目投标报价。

建筑装饰装修工程施工项目投标报价是建筑装饰装修工程施工项目投标工作的重要环节。报价的合适与否对投标的成败和将来实施工程的盈亏起着决定性作用。

①投标报价的依据。主要有以下几点:

a. 招标文件及有关情况。

b. 价格及费用的各项规定。

c. 施工方案及有关技术资料。

②投标报价的计算。投标人应根据招标文件的要求和招标项目的特点,结合市场情况和自身竞争实力自主报价,但不得以低于成本的报价竞标。

投标报价计算是投标人对承揽招标项目所要发生的各种费用的计算。包括单价分析、计算成本、确定利润方针,确定标价。在进行标价计算时,应先根据招标文件复核或计算工作量,同时还要结合现场踏勘情况考虑相应的费用。标价计算必须与采用的合同形式相协调。

按照建设部《建筑工程施工发包与承包计价管理办法》的规定,建筑工程施工发包与承包价在政府宏观调控下,由市场竞争形成。投标报价由成本(直接费、间接费)、利润和税金构成。其编制可以采用工程量清单计价方法。

③标价的组成。投标价格应为项目投标范围内,支付投标人为完成承包工作应付的总金额。工程招标文件一般均规定了投标价格,除非合同中另有规定。具有标价的工程量清单中所报的单价和合价,以及报价汇总表中的价格应包括施工设备、劳务、管理、材料、安装、维护、保险、利润、税金、政策性文件规定及合同包含的所有风险、责任等各项应有费用。工程量清单中的每一单项均需计算并填写单价和合价。投标单位未填写出单价和合价的项目将不予支付,并认为此项费用已包括在工程量清单的其他单价和合价中。

(5)建筑装饰装修工程投标策略与报价决策及其技巧。

①投标策略。投标策略是指承包者在投标竞争中的指导思想和系统工作部署及其参与投标竞争的方式和手段。承包者要想在投标中获胜,既能中标得到承包项目,又能从项目中赢利,就需要研究投标策略,以指导其投标全过程。在投标和报价中,选择有效的报价技巧和策略,往往能够取得良好的效果。正确的策略来自于承包者的经验积累和对客观规律的认识以及对实际情况的了解,同时也少不了决策者的能力和魄力。

在激烈的投标竞争中,如何战胜对手,这是所有投标人所要研究的问题。但是很遗憾,至今尚未有一个完整或可操作的答案。事实上,也不可能有答案,因为建筑市场的投标竞争多种多样,而没有统一的模式可循。投标人及其对手们不可能采用同一手段或策略来参加竞争,可以说各有各的"招术",而且不同的项目其"招术"也不相同。在当今的投标竞争中,面对变幻莫测的投标策略,掌握一些信息和资料,估计可能发生的一些情况并进行认真分析,找出一些规律加以研究,对投标人的决策是十分有益的,起码能从中得到启发或提示。

由于招标的内容不同、投标人的性质不同,所采取的投标策略也不相同。下面仅就工程投标的策略进行简要介绍。工程投标策略的内容主要包括以下几个方面:

a.以信取胜。该策略是依靠单位长期形成的良好社会信誉、技术和管理上的优势、优良的工程质量和服务措施、合理的价格和工期等因素争取中标。

b.以快取胜。该策略通过采取有效的措施来缩短施工工期,并能保证进度计划的合理性和可行性,从而使招标工程早投产、早收益,以吸引业主。

c.以廉取胜。该策略是在保证施工质量的前提下进行的,这对业主一般都具有较强的吸引力。从投标人的角度出发,采取这一策略也可能有长远的考虑,即通过降价扩大任务来源,从而降低固定成本在各个工程上的摊销比例,这样既降低了工程成本,又为降低新投标工程的承包价格创造了有利条件。

d.靠改进设计取胜。仔细研究原设计图纸,如发现有明显不合理之处,则可提出改进设计的建议和能切实降低造价的措施。在这种情况下,一般仍要按照原设计报价,再按照建议的方案报价。

e.采用以退为进的策略。当发现招标文件中有不明确之处并有可能据此索赔时,可报低价先争取中标,再寻找索赔机会。例如,某些大的承包企业就经常采用这种方法,有时报价甚至会低于成本。然后,再以高薪聘请1~2名索赔专家,千方百计地从设计图纸、标书、合同中寻找索赔机会。一般索赔金额可达10%~20%。采用这种策略一般要求在索赔事务方面具有相当成熟的经验。

f. 采用长远发展的策略。其目的不是在当前的招标工程中获利,而是着眼于发展,争取将来的优势。例如,为了开辟新市场、掌握某种有发展前途的工程施工技术等,宁可在当前招标工程上以微利甚至无利的价格参与竞争。

②报价决策。报价决策是指投标人召集算标人和决策人、咨询顾问人员共同研究,就标价计算结果进行讨论,做出调整计算标价的最后决定,从而形成最终报价的过程。

报价决策之前,首先应计算基础标价,即根据招标文件的工作内容和工作量以及报价项目单价表进行初步测算,形成基础标价。其次,需要进行风险预测和盈亏分析,即充分估计实施过程中的各种有关因素和可能出现的风险,预测对报价的影响程度。然后,测算可能的最高标价和最低标价,即测定基础标价可以上下浮动的界限,使决策人心中有数,避免凭主观愿望盲目压价或加大保险系数。完成这些工作以后,决策人就可以凭借自己的经验和智慧做出报价决策了。

决策者只有对报价计算的准确度,期望利润是否合适,报价风险及本单位的承受能力,当地的报价水平,竞争对手优势、劣势的分析等进行综合考虑,才能决定最后的报价金额。

在工程报价决策中应注意以下几个问题:

a. 报价决策的依据。参加投标的承包商应以自己的算标人员的计算书和分析指标作为决策的主要资料依据。至于通过其他途径而获得的所谓的"标底价格"或竞争对手的"标价信息"等,只能作为参考。承包商当然希望自己能够中标,但是更为重要的是中标价格应基本合理,不应导致亏损。以自己的报价计算作为依据进行科学分析,然后做出恰当的报价决策,至少不会落入竞争的陷阱。

b. 在最小预期利润和最大风险内做出决策。由于投标情况纷繁复杂,投标中碰到的情况并不相同,很难界定需要决策的问题和范围。一般来说,报价决策并不仅限于具体计算,而是应由决策人与算标人员一起,对各种影响报价的因素进行恰当的分析,并做出果断的决策。除了对算标时所提出的各种方案、基价、费用摊入系数等予以审定和进行必要的修正以外,更重要的是决策人应全面考虑期望的利润和承担风险的能力。承包商应尽力避免较大的风险,采取措施转移、防范风险,并获得一定利润。决策者应在风险和利润之间进行权衡并做出选择。

c. 低报价不是中标的唯一因素。招标文件中一般都会明确申明"本标不一定授给最低报价者或其他任何投标人",所以决策者可以在其他方面战胜对手。例如,可以提出某些合理的建议,使业主能够降低成本、缩短工期。如果可能的话,还可以提出对业主优惠的支付条件等。低报价是得标的重要因素,但却并不是唯一因素。

③报价技巧。报价技巧也称投标技巧,是指在投标报价中采用一定的手法或技巧使业主可以接受,而中标后又能获得更多的利润。常用的工程投标报价技巧主要有以下几种:

a. 灵活报价法。灵活报价法是指根据招标工程的不同特点而采用不同的报价。投标报价时,既要考虑自身的优势和劣势,也要分析招标项目的特点。按照工程的不同特点、类别、施工条件等来选择报价策略。

下列情况报价可高一些:

·施工条件差的工程。

·专业要求高的技术密集型工程,而本单位在这方面又有专长,声望也较高。

· 总价低的小工程,以及自己不愿做,又不方便不投标的工程。

· 特殊的工程。

· 工期要求急的工程。

· 投标对手少的工程。

· 支付条件不理想的工程。

下列情况报价可低一些:

· 施工条件好的工程。

· 工作简单、工程量大,而一般单位都可以胜任的工程。

· 本单位目前急于打入某一市场、某一地区,或在该地区面临工程结束,机械设备等无工地转移时。

· 本单位在附近有工程,而本项目又可利用该工程的设备、劳务,或有条件短期内突击完成的工程。

· 投标对手多,竞争激烈的工程。

· 非急需工程。

· 支付条件好的工程。

b. 不平衡报价法。不平衡报价法也称前重后轻法,是指一个工程总报价基本确定以后,通过调整内部各个项目的报价,以期既不提高总报价、不影响中标,又能在结算时得到更为理想的经济效益。

一般可以考虑在以下几个方面,采用不平衡报价法:

· 能够早日结账收款的项目可适当提高。

· 预计今后工程量会增加的项目,单价可适当提高,这样在最终结算时可多赚钱;而工程量可能减少的项目,单价应降低,以便在工程结算时损失不大。

上述两种情况要统筹考虑,即对于工程量有错误的早期工程,如果实际工程量可能小于工程量表中的数量,则不能盲目抬高单价,要具体分析后再做决定。

· 设计图纸不明确,估计修改后工程量要增加的,可以提高单价;工程内容解说不清楚的,则可适当降低一部分单价,待澄清后再要求提价。

· 暂定项目,又称为任意项目或选择项目。对于这类项目要具体进行分析,因为这类项目要在开工后再由业主研究决定是否实施以及由哪家承包商实施。如果工程不分标,则其中肯定要做的单价可高些,不一定做的应低些。如果工程分标,且该暂定项目也可能由其他承包商施工时,则不宜报高价,以免抬高总报价。

c. 零星用工(计日工)单价的报价。如果是单纯报计日工单价,而且不计入总价中,就可以报高一些,以便在业主额外用工或使用施工机械时能够多盈利。但如果计日工单价要计入总报价,则需要具体分析是否报高价,以免抬高总报价。总之,要先分析业主在开工后可能使用的计日工数量,然后再确定报价方针。

d. 可供选择项目的报价。有些工程的分项工程,业主可能会要求按照某一方案报价,之后再提供几种可供选择方案的比较报价。例如,某住房工程的地面水磨石砖,工程量表中要求按照 25 cm×25 cm×2 cm 的规格报价,另外还要求投标人用更小规格砖 20 cm×20 cm×2 cm 和更大规格砖 30 cm×30 cm×3 cm 作为可供选择项目报价。投标时,除了要对几种水磨石地面砖调查询价以外,还应对当地习惯用砖情况进行调查。对于将来有可能被选择使用的地面砖铺砌应适当提高其报价;对于当地难以供货的某些规格地面砖,可将价格故意抬得更高一些,以阻挠业主选用。但是,所谓的"可供选择的项目"并不能由承包商任意选择,只有业主才拥有选择权。因此,提高报价并不意味着能够取得更好的利润,只是提供了一种可能性。

e. 增加建议方案。有时招标文件中规定可以提一个建议方案,即可以修改原设计方案,提出投标人的方案。此时,投标人应抓住机会,组织一批有经验的设计和施工工程师对原招标文件的设计和施工方案进行仔细研究,提出更为合理的方案以吸引业主,促使自己的方案中标。这种新建议方案可以降低总造价或是缩短工期,或使工程运用更为合理。但需要注意的是,对原招标方案一定也要报价。建议方案不要写得太具体,要保留方案的技术关键,防止业主将此方案交给其他承包商。同时还要强调,建议方案一定要比较成熟,有很好的操作性。

f. 分包商报价的采用。由于现代工程的综合性和复杂性,总承包商不可能将全部工程内容完全独家包揽,尤其是那些专业性较强的工程内容,必须分包给其他专业工程公司施工,还有一些招标项目,业主规定某些工程内容必须由其指定的几家分包商承担。因此,总承包商通常应在投标前先取得分包商的报价,并增加总承包商摊入的一定的管理费,然后作为自己投标总价的一个组成部分一并列入报价单中。应当注意的是,分包商在投标前可能同意接受总承包商压低其报价的要求,但等到总承包商得标之后,他们常会以各种理由要求提高分包价格,这将使得总承包商处于一个十分被动的地位。解决的办法是,总承包商在投标之前应先找两至三家分包商分别报价,然后从中选择一家信誉较好、实力较强且报价合理的分包商签订协议,同意该分包商作为本分包工程的唯一合作伙伴,并将分包商的姓名列到投标文件中,但要求该分包商相应的提交投标保函。如果该分包商认为这家总承包商确实有可能得标,其或许愿意接受这一条件。这种把分包商的利益与投标人捆在一起的做法,不但可以防止分包商事后反悔和涨价,还可能迫使分包时报出一个较为合理的价格,以便共同争取得标。

g. 无利润算标。缺乏竞争优势的承包商在不得已的情况下,只能在算标中根本不考虑利润去夺标。这种办法一般是处于以下条件时采用:

· 有可能在得标后,将大部分工程分包给索价较低的一些分包商。

· 对于分期建设的项目,先以低价获得首期工程,然后再赢得机会创造第二期工程中的竞争优势,并在以后的实施中获得利润。

· 较长一段时期内,承包商没有在建的工程项目,如果再不得标,就难以维持生存。因此,虽然本工程无利可图,但只要能有一定的管理费用来维持公司的日常运转,就可设法度过暂时的困难,以图将来东山再起。

h. 突然降价法。投标报价是一件保密的工作,但是对手往往会通过各种渠道、手段来刺探情况,因此在报价时可以采取迷惑对手的方法,即先按一般情况报价或表现出自己对该工程没有多大兴趣,待投标截止时间快到时,再突然降价。

采用此种方法时,一定要在准备投标报价的过程中考虑好降价的幅度,在临近投标截止日期之前,根据信息和分析判断,再做出最后决策。

如果因采用突然降价法而中标,由于开标只降总价,在签订合同后可采用不平衡报价的设想调整工程量表内的各项单价或价格,以期取得更高的效益。

（6）投标文件的编制与递交。

①投标文件的编制。投标文件应完全按照招标文件的各项要求进行编制，主要包括：投标书、投标书附录、投标保证金、法定投标人资格证明文件、授权委托书、具有标价的工程量清单、资格审查表、招标文件规定提交的其他材料。

②投标文件的递交。投标单位应在规定的投标截止日期之前，将投标文件密封送至招标单位。招标单位在接到投标文件以后，应签收或通知投标单位已收到投标文件。

3. 建筑装饰装修工程施工项目开标、评标、定标与合同的签订

（1）开标。

开标是招标机构在预先规定的时间和地点将各投标人的投标文件正式启封揭晓的行为。开标应由招标机构组织进行，但必须邀请各投标人代表参加。在这一环节，招标人要按照有关要求，逐一揭开每份投标文件的封套，公开宣布投标人的名称、投标价格以及投标文件中的其他主要内容。公开开标结束以后，还应由开标组织者整理一份开标会纪要。

按照惯例，公开开标一般应按照下列程序进行：

①主持人在招标文件确定的时间停止接收投标文件。

②宣布开标人员名单。

③确认投标人法定代表人或授权代表人是否在场。

④宣布投标文件开启顺序。

⑤按照开标顺序，先检查投标文件是否密封完好，再启封投标文件。

⑥宣布投标要素，并作记录，同时由投标人代表签字确认。

⑦对上述工作进行记录，存档备查。

（2）评标。

评标是招标机构确定的评标委员会根据招标文件的要求，对所有投标文件按照评估的一般程序进行排序，并推荐出中标候选人的行为。评标是招标人的单独行为，由招标机构组织进行。在这一环节，招标人所要经历的步骤主要包括：审查标书是否符合招标文件的要求和有关惯例、组织人员对所有标书按照一定方法进行比较和评审、就初评阶段被选出的几份标书中所存在的某些问题要求投标人予以澄清、最终评定并写出评标报告等。

评标是审查确定中标人的必要程序，是一项具有关键性的、十分细致的工作，它将关系到招标人能否得到最有利的投标，是保证招标成功的重要环节。

①组建评标委员会。评标是依据招标文件的规定和要求，对投标文件所进行的审查、评审和比较。评标应由招标人依法组建的评标委员会负责。评标委员会成员名单一般在开标前确定。

《招标投标法》规定，依法必须进行招标的项目，其评标委员会由招标人的有关技术、经济等方面的专家组成。成员人数为五人以上单数，其中技术、经济等方面的专家不得少于成员总数的三分之二。

为了保证评标的公正性，防止招标人左右评标结果，评标不能由招标人或其代理机构独自承担，而应组成一个由招标人或其代理机构的必要代表、有关专家和人员参加的委员会，负责依据招标文件规定的评标标准和方法对所有投标文件进行评审，向招标人推荐中标候选人或依据授权直接确定中标人。评标是一项复杂的专业活动，在专家成员中，技术专家主要负责对投标中的技术部分进行评审；经济专家主要负责对投标中的报价等经济部分进行评审;法律专家则主要负责对投标中的商务和法律事务进行评审。

评标委员应会由招标人负责组织。为了防止招标人在选定评标专家时具有主观随意性,我国法规规定招标人应从省级以上人民政府有关部门所提供的专家名册或招标代理机构的专家库中确定评标委员会的专家成员(不含招标人代表)。专家可采取随机抽取或直接确定的方式来选定。对于一般项目,可以采取随机抽取的方式;而对于技术十分复杂、专业性要求特别高或者国家有特殊要求的招标项目,采取随机抽取方式确定的专家难以胜任的,可由招标人直接确定。

评标工作的重要性决定了对于参加评标委员会的专家,必须对其资格进行一定的限制,并非所有的专业技术人员都可以进入评标委员会。法律规定的专家资格条件是:从事相关领域工作满8年,并具有高级职称或者具有同等专业水平。法律同时还规定,评标委员会的成员与投标人有利害关系的人应当主动回避,不得进入评标委员会;已经进入的,应予以更换。

评标委员会设有负责人(如主任委员)的,评标委员会负责人应由评标委员会成员推举产生或由招标人确定。评标委员会负责人与评标委员会的其他成员有同等的表决权。

评标委员会成员的名单,在中标结果确定之前属于保密内容,不得泄露。

②评标程序。评标工作一般应按照下列程序进行:

a. 招标人宣布评标委员会成员名单并确定主任委员。

b. 招标人宣布有关评标纪律。

c. 在主任委员的主持下,根据需要,讨论通过成立有关专业组和工作组。

d. 听取招标人介绍招标文件。

e. 组织评标人员学习评标标准和方法。

f. 提出需要澄清的问题。经委员会讨论,并经二分之一以上委员同意,提出需投标人澄清的问题,以书面形式送达投标人。

g. 澄清问题。对需要文字澄清的问题,投标人应当以书面形式送达评标委员会。

h. 评审、确定中标候选人。评标委员会按照招标文件确定的评标标准和方法对投标文件进行评审,确定中标候选人的推荐顺序。

i. 提出评标工作报告。在经委员会讨论,并经二分之三以上委员同意并签字的情况下,通过评标委员会工作报告,并报招标人。

③评标准备。

a. 准备评标场所。

b. 评标委员会成员知悉招标情况。

c. 制定评标细则。大型且复杂的项目,其评标程序通常分为两步。先进行初步评审(简称初审),也称为符合性审查;再进行详细评审(简称详评或终评),也称为商务和技术评审。中小型项目的评标也可合并为一次进行,但评标的标准和内容却基本相同。

在开标之前,招标人一般要按照招标文件的规定并结合项目特点,制定评标细则,并经评标委员会审定。在评标细则中,对于一些影响质量、工期和投资的主要因素,一般还要制定具体的评定标准和评分办法,以及编制供评标使用的相应表格。

评标委员会应根据招标文件所规定的评标标准和方法,对投标文件进行系统的评审和比较。这些事先列明的标准和方法在评标时能否真正得到采用,是衡量评标是否公正、公平的标尺。为了保证公正性和公平性,评标不得采用招标文件未列明的任何标准和方法,也不得改变(包括修改、补充)招标文件所确定的评标标准和方法。这一点,也是世界各国通常的做法。

招标人设有标底的,在评标时可作为参考。

d.初步评审。在正式评标之前,招标人要对所有投标文件进行初步审查,即初步筛选。有些项目会在开标时对投标文件进行一般性符合检查,且在评标阶段对投标文件的实质性内容进行符合性审查,判定其是否满足招标文件的要求。

初审的目的在于确定每一份投标文件是否完整、有效,在主要方面是否符合要求,以便能够从所有投标文件中筛选出符合最低标准要求的投标人,淘汰那些基本不合格的投标文件,以免在详评时浪费时间和精力。

评标委虽会通常按照投标报价的高低或招标文件所规定的其他方法对投标文件排序。

初审的主要项目如下:

·投标人是否符合投标条件。未经资格预审的项目,在评标之前必须进行资格审查。如果投标人已经通过了资格预审,那么正式投标时投标的单位或组成联合体的各合伙人就必须被列入到预审合格的名单中且投标申请人未发生实质性改变,联合体成员未发生变化。

·投标文件是否完整。审查投标文件的完整性,应从以下几个方面进行:

(Ⅰ)投标文件是否按照规定格式和方式递送,字迹是否清晰。

(Ⅱ)投标文件中所有指定签字处是否均已由投标人的法定代表人或法定代表授权代理人签字。有时招标人在其招标文件中规定,如果投标人授权其代表代理签字,则应附交代理委托书,此时需检查投标文件中是否附有代理委托书。

(Ⅲ)如果招标条件规定只向承包者或其正式授权的代理人招标,则应审查递送投标文件的人是否有承包者或其授权代理人的身份证明。

(Ⅳ)是否已经按照规定提交了一定金额和规定期限的有效保证。

(Ⅴ)招标文件中规定应由投标人填写或提供的价格、数据、日期、图纸、资料等是否已经填写或提供以及是否符合规定。

在对投标文件进行完整性检查时,通常要先拟定一份"完整性检查清单"。在对上述项目进行检查以后,应将检查结果以"是"或"否"填入到该清单中。

·主要方面是否符合要求。所有招标文件都规定了投标人的条件和对投标人的要求。这些要求有些是十分重要的,投标人如果违反了这些要求,一般会被认为是未能对招标文件作出实质性响应,属于重大偏差,该投标文件就应被拒绝。

·计算方面是否有差错。投标报价计算的依据是各类货物、服务和工程的单价。招标文件通常规定,如果单价与单项合计价不符,则应以单价为准。因此,若在乘积或计算总数时有算术性错误,则应以单价为准更正总数;如果单价显然存在着印刷或小数点的差错,则应予以纠正。如果表明金额的文字(大写金额)与数字(小写金额)不符,按照惯例应以文字为准。

按照招标文件规定的修正原则,对投标人报价的计算差错进行算术性修正。招标人要将相应修正通知投标人,并取得投标人对这项修改同意的确认。对于较大的错误,评标委员会应视其性质,通知投标人亲自修改。如果投标人不同意更正,那么招标人将会拒绝其投标,并可没收其所提供的投标保证金。

e.详细评审。经初步评审合格的投标文件,评标委员会应根据招标文件所确定的评标标准和方法,对其技术部分和商务部分作进一步的评审和比较。其主要内容如下:

·商务评审内容。商务评审的目的是从成本、财务和经济分析等方面评定投标报价的合理性和可能性,并估量投标给各投标人之后的不同经济效果。商务评审的主要内容包括以下几个部分:

(Ⅰ)将投标报价与标底价进行对比分析,评价该报价是否可靠、合理。

(Ⅱ)审查投标报价的构成和水平是否合理,有无严重不平衡报价。

(Ⅲ)审查所有保函是否被接受。

(Ⅳ)进一步评审投标人的财务实力和资信程度。

(Ⅴ)审查投标人对支付条件有何要求或给予招标人何种优惠条件。

(Ⅵ)分析投标人提出的财务和付款方面的建议是否合理。

(Ⅶ)审查投标人是否提出与招标文件中的合同条款相悖的要求,如重新划分风险,增加招标人的责任范围,减少投标人的义务,提出不同的验收、计量办法和纠纷、事故处理办法,或对合同条款有重要保留等。

·技术评审内容。技术评审的目的是确认备选的中标人完成本招标项目的技术能力和其所提方案的可靠性。与资格评审不同,技术评审的重点在于评审投标人将怎样实施本招标项目。其主要内容包括以下几个部分:

(Ⅰ)投标文件是否包括了招标文件所要求提交的各项技术文件,它们与招标文件中的技术说明或图纸是否一致。

(Ⅱ)实施进度计划是否符合招标人的时间要求,这一计划是否科学和严谨。

(Ⅲ)投标人准备采取哪些措施来保证实施进度。

(Ⅳ)如何控制和保证质量,这些措施是否可行。

(Ⅴ)组织机构、专业技术力量和设备配置能否满足项目需要。

(Ⅵ)如果投标人在正式投标时已经列出拟与之合作或分包的单位名称,则这些合作伙伴或分包单位是否具有足够的能力和经验以保证项目的实施和顺利完成。

总之,评标内容应与招标文件中规定的条款和内容相一致。除了对投标报价和主要技术方案进行比较以外,还应考虑其他有关因素,经综合评审之后,确定选取最符合招标文件要求的投标。

④评标方法。

a.专家评议法。也称定性评议法或综合评议法。评标委员会根据预先确定的评审内容,如报价、工期、技术方案和质量等,对各投标文件共同分项进行定性分析和比较。评议后,选择投标文件在各项指标均较为优良者为候选中标人,也可以采取表决的方式确定候选中标人。这种方法实际上是定性的优选法。由于没有对各投标文件的量化(除报价是定量指标以外)比较,标准难以确切掌握,往往需要评标委员会进行协商,评标的随意性较大、科学性较差。其优点是评标委员会成员之间可以直接对话和交流,交换意见和讨论比较深入,评标过程简单,在较短时间内即可完成,但当成员之间评标差距过大时,定标则较为困难。专家评议法一般适用于小型项目或无法量化投标条件的情况。

b.价格评标法。评标委员会按照预定的审查内容对各投标文件进行评审之后,所有符合条件的投标文件均被认为具备授标资格,此时仅以价格的合理性作为唯一尺度定标。根据所依据的价格标准,可分为最低投标价法和接近标底法两种方法。

·最低投标价法。也称为合理最低投标价法,即能够满足招标文件的各项要求,投标价格最低的投标可作为中选投标。一般适用于简单商品、半成品、原材料,以及其他性能、质量相同或容易进行比较的货物招标采购。这些货物的技术规格简单,技术性能和质量标准以及等级通常可采用国际(国家)标准规范。

·接近标底法。是指以标底价作为衡量标准,选报价最接近评标标底者为候选中标人的评审方法。这种方法比较简单,但要以标底详尽、正确为前提。

评标标底可采用:

(Ⅰ)招标人组织编制的标底 A。

(Ⅱ)以全部或部分投标人报价的平均值作为标底 B。

(Ⅲ)以标底 A 和标底 B 的加权平均值作为标底。

(Ⅳ)以标底 A 作为确定有效的标准,以进入有效标内投标人的报价平均值作为标底。

(Ⅴ)施工招标未设标底的,按照不低于成本价的有效标进行评审。

·经评审的最低投标价法。这是一种以价格加其他因素评标的方法。采用这种方法评标,一般做法是将报价以外的商务部分数量化,并以货币折算成价格,与报价一同计算,形成评标价,然后再以此价格按照高低排出顺序,能够满足招标文件的实质性要求。"评标价"最低的投标应当作为中选投标。

评标价是按照招标文件的规定,对投标价进行修正、调整以后计算出来的标价。在评标过程中,应以评标价进行标价比较。

采用经评审的最低投标价法,中标人的投标应符合招标文件所规定的技术要求和标准,但评标委员会无需对投标文件的技术部分进行价格折算。

经评审的最低投标价法一般适用于具有通用技术、性能标准或招标人对其技术、性能无特殊要求的招标项目。

根据经评审的最低投标价法完成详细评审以后,评标委员会要拟定一份"标价比较表",连同书面评标报告一起提交招标人。"标价比较表"一般要载明投标人的投标报价、对商务偏差的价格调整和说明以及经评审的最终投标价。

·综合评估法。在采购机械、成套设备、车辆以及其他重要固定资产(如工程等)时,如果只比较各投标人的报价或报价加商务部分,那么对竞争性投标之间的差别则不能做出恰如其分的评价。因此,在这种情况下必须以价格加其他因素综合评标,即应用综合评估法评标。

以综合评估法评标,一般做法是将各个评审因素在同一基础或同一标准上进行量化。量化指标可采取折算为货币的方法、打分的方法或其他方法,使各投标文件具有可比性。对技术部分和商务部分的量化结果进行加权,计算出每一投标的综合评估价或综合评估分,以此来确定候选中标人。最大限度地满足招标文件中所规定的各项综合评价标准的投标,应当推荐为中标候选人。

综合评估法最常采用的方法是最低评标价法和综合评分法。

(Ⅰ)最低评标价法。这是另一种以价格加其他因素评标的方法,也可认为是扩大的经评审的最低投标价法。采用这种方法评标,一般做法是以投标报价为基数,将报价以外的其他因素(既包括商务因素,也包括技术因素)数量化,并以货币折算成价格,将其加减到投标价上去,形成评标价,以评标价最低的投标作为中选投标。

(Ⅱ)综合评分法。也称为打分法,是指评标委员会按照预先确定的评分标准,对各投标文件需评审的要素(报价和其他非价格因素)进行量化、评审记分,并以标书综合分的高低来确定中标单位的评标方法。由于项目招标需要评定比较的要素较多,且各项内容的计量单位又不一致,所以综合评分法可以比较全面地反映出投标人的素质。

(3)定标。

定标也称为决标,是指招标人在评标的基础上,最终确定中标人,或授权评标委员会直接确定中标人的行为。定标对于招标人来说,是授标;对于投标人来说,则是中标。定标也是招标人的单独行为。在这一环节,招标人所要经过的步骤主要包括:裁定中标人;通知中标人其投标已被接受;向中标人发出中标通知书;通知所有未中标的投标人,并向他们退还投标保函等。

(4)签订合同。

签订合同习惯上也称授予合同,因为它实际上是由招标人将合同授予中标人并由双方签署的行为。签订合同是购货人或业主与中标的承包者双方共同的行为。在这一阶段,通常先由双方进行签订合同前的谈判,并就投标文件中已有的内容再次确认,对投标文件中未涉及的一些技术性和商务性的具体问题达成一致意见。经双方意见一致后,由双方授权代表在合同上签署,合同随即生效。为了保证合同能够顺利履行,签订合同以后,中标的承包者还应向购货人或业主提交一定形式的担保书或担保金。

2.4.3　装饰装修工程项目施工合同

1.建筑装饰装修工程项目中的主要合同关系

建筑装饰装修工程项目是一个大的社会生产过程,参与单位之间形成了多种经济关系,而合同就是维系这些关系的纽带。在复杂的合同网络中,建设单位和施工单位是两个主要的节点。

(1)建设单位的主要合同关系。

建设单位是建筑装饰装修工程项目的所有者,为了实现建筑装饰装修工程项目的目标,它必须与有关单位签订合同。建筑装饰装修工程项目中建设单位的主要合同关系如图2.12所示。

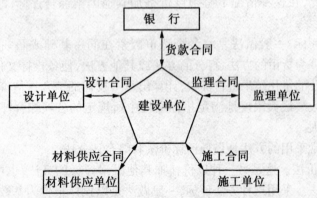

图 2.12　建筑装饰装修工程项目中建设单位的主要合同关系

（2）施工单位的主要合同关系。

施工单位是建筑装饰装修工程项目施工的具体实施者，它具有复杂的合同关系。其主要合同关系如图2.13所示。

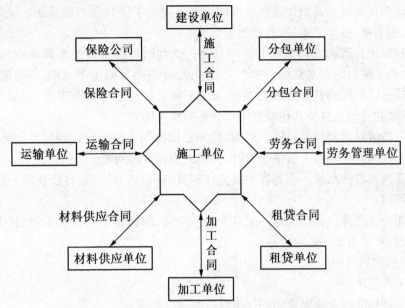

图2.13　建筑装饰装修工程项目施工单位的主要合同关系

2. 建筑装饰装修工程项目合同的作用

（1）合同确定了建筑装饰装修工程项目施工和管理的主要目标，是合同双方在建筑装饰装修工程项目中各种经济活动的主要依据。建筑装饰装修工程项目合同应在实施之前签订，用以确定建筑装饰装修工程项目所要达到的进度、质量、成本方面的目的以及目标相关的所有主要细节的问题。

（2）合同规定了双方的经济关系。建筑装饰装修工程项目合同一经签订，合同双方就形成了一定的经济关系。合同规定了双方在合同实施过程中的经济责任、权利、利益和义务。

（3）建筑装饰装修工程项目合同是建筑装饰装修工程项目中双方的最高行为准则。建筑装饰装修工程项目实施过程中的一切活动都是为了履行合同，双方的行为均需靠合同来约束。如果任何一方不能认真履行自己的责任和义务，甚至撕毁合同，就必须接受经济的，甚至是法律的处罚。

（4）建筑装饰装修工程项目合同将建筑装饰装修工程项目的所有参与者联系起来，协调并统一其行为。合同管理必须协调和处理建筑装饰装修工程项目各参与单位之间的关系，使相关的各合同和合同规定的各工程活动之间不产生矛盾，在内容、技术、组织和时间上协调一致，形成一个完整、周密、有序的体系，从而保证建筑装饰装修工程项目能够有秩序、按计划地实施。

（5）建筑装饰装修工程项目合同是建筑装饰装修工程项目进展过程中解决争执的依据。由于双方经济利益的不一致，在建筑装饰装修工程项目实施过程中难免会产生争执。建筑装饰装修工程项目合同对解决争执起到了两个决定性的作用。争执的判定以建筑装饰装修工程项目合同作为法律依据，即以合同条文判定争执的性质，谁应该对争执负责、负什么样的责任等。争执的解决方法和解决程序应由合同规定。

3. 建筑装饰装修工程项目合同的谈判

（1）谈判的基础与准备。

①组织谈判代表组。谈判代表在很大的程度上决定了谈判是否能成功。谈判代表必须具有业务精、能力强、基本素质好、有经验等优势。

②分析和确定自己的谈判基础和谈判目标。谈判的目标直接关系到谈判的态度、动机和诚意，也明确了谈判的基本立场。对于业主来说，有的项目侧重于工期，有的侧重于成本，有的侧重于质量。不同的侧重点使业主的立场不同。而对于承包商来说，也有不同的侧重点。同样，不同的目的也会使其在谈判中的立场有所不同。

③分清与摸清对方的情况。谈判要做到"知己知彼"，方能"百战百胜"。因此，在谈判之前应摸清对方谈判的目标和人员情况，找出关键人物和关键问题。

④估计谈判和签约结果。准备有关的文件和资料，包括合同稿、自己所需的资料和对方将要索取的资料。

⑤准备好会谈议程。会谈议程一般分为四个阶段，即初步交换意见阶段、技术性谈判阶段、商务性谈判阶段和文件拟定阶段。

（2）合同谈判的内容。

①明确工程范围。

②确定质量标准以及所要遵循的技术规范和验收要求。

③工程价款的支付方式和预付款的分期比例。

④总工期、开竣工日期和施工进度计划。

⑤明确工程变更的允许范围和变更责任。

⑥差价处理。

⑦双方的权利和义务。

⑧违约责任与赔偿等。

4. 建筑装饰装修工程项目合同的订立与无效合同

建筑装饰装修工程项目合同的订立是指两个及两个以上的当事人，依法就建筑装饰装修工程项目合同的主要条款经过协商，达成协议的法律行为。

（1）签订建筑装饰装修工程项目合同的双方应具备的合法资格。

①法人资格。

②法人的活动不能超越其职责范围或业务范围。

③合同必须由法人的法定代表人或法定代表人授权委托的承办人签订。

④委托代理人要有合法的手续。

（2）无效建筑装饰装修工程合同。

无效建筑装饰装修工程合同是指合同双方当事人虽然协商签订，但因违反法律规定，从开始签订时就没有法律效力，国家不予承认和保护的装饰装修工程合同。

①无效合同的种类。包括：

a. 违反法律和国家政策、计划的合同。

b. 采用欺诈、胁迫等手段签订的合同。

c. 违反法律要求的合同。

d. 违反国家利益和社会公共利益的合同。

②确认无效合同的依据。确认无效合同的依据主要有以下几点：

a. 合同的主体是否具有合法依据。

b. 合同的内容是否合法。

c. 合同当事人的意思表示是否真实。

d. 合同的订立是否符合法定程序。

5. 建筑装饰装修工程项目合同的类型

(1)按照签约各方的关系分类。

按照签约各方的关系,可分为总包合同、分包合同及联合承包合同。

(2)按照合同标的性质分类。

按照合同标的性质,可分为可行性研究合同、勘察合同、设计合同、施工合同、监理合同、材料设备供应合同及劳务合同等。合同法将勘察合同、设计合同、施工合同统称为建设工程合同。

(3)按照计价方法分类。

按照计价方法,可分为固定价格合同、可调价格合同及成本加酬金合同。

①固定价格合同。该合同是指在约定的风险范围内价款不再调整的合同。其价款并不是绝对不可调整的,而是在约定范围内的风险由承包者承担。双方一般要约定合同价款包括的风险费用和承担的风险范围,以及风险范围以外的合同价款的调整方法。

固定价格合同又可进一步分为固定总价合同和固定单价合同。

a. 固定总价合同。该合同是指按照商定的总价承包项目。其特点是明确承包内容、价格一笔包死。适用于规模小、技术不太复杂的项目。这种方式对于业主和承包商来说都是有利的。对于业主来说,比较简便。对于承包商来说,如果计价依据相当详细,能据此比较精确地估算造价,签订合同时考察得也比较周全,不致有多大的风险,也是一种比较简便的承包方式。但如果项目规模大、工作周期长、计价依据不够详细、未知数比较多,则承包商就必须承担风险了。为此,往往加大不可预见费用,或留有调价的活口,因而不利于降低造价,最终对业主不利。

b. 固定单价合同。该合同是指采用单位计量工作量价格(单价)固定,以预估工作量签订合同,按照确定的单价和实际发生的工作量结算价款的合同。在没有精确计算工作量的情况下,为了避免使任何一方承担过大的风险,采用固定单价合同是较为合适的。工程施工合同中,国内外普遍采用的以工程量清单和单价表为计算造价依据的计量估价合同就是典型的固定单价合同。这类合同的适用范围比较广,其风险可以得到合理的分摊。这类合同能够成立的关键在于双方对单价和工作量计算方法的确认。在合同履行中需要注意的问题则是双方对实际工作量计量的确认。

②可调价格合同。该合同是指合同价格可以调整的合同。合同总价或单价在合同实施期内,根据合同约定的办法予以调整。

③成本加酬金合同。该合同是指由发包人向承包人支付项目的实际成本,并按事先约定的某一种方式支付酬金的合同类型。合同价款包括成本和酬金两个部分,双方需要约定成本构成和酬金计算方法。

6. 建筑装饰装修工程项目施工合同的内容

建设部和国家工商行政管理总局于 2013 年发布了《建设工程施工合同（示范文本）》（GF—2013—0201）（以下简称《示范文本》），适用于施工承包合同。该《示范文本》由《合同协议书》、《通用合同条款》和《专用合同条款》三部分组成。

（1）《合同协议书》。

《合同协议书》是施工合同的总纲领性法律文件。内容包括以下几个方面：

①工程概况。包括工程名称、工程地点、工程立项批准文号、资金来源、工程内容、工程承包范围。

②合同工期。包括计划开工日期、计划竣工日期。合同工期应填写总日历天数。

③质量标准。工程质量必须达到国家标准规定的合格标准，双方也可以约定达到国家标准规定的优良标准。

④签约合同价与合同价格形式。签约合同价包括安全文明施工费、材料和工程设备暂估价金额、业工程暂估价金额、暂列金额。

⑤项目经理。

⑥合同文件构成。本协议书与下列文件一起构成合同文件：

a. 中标通知书（如果有）。

b. 投标函及其附录（如果有）。

c. 专用合同条款及其附件。

d. 通用合同条款。

e. 技术标准和要求。

f. 图纸。

g. 已标价工程量清单或预算书。

h. 其他合同文件。

在合同订立及履行过程中形成的与合同有关的文件均构成合同文件组成部分。

上述各项合同文件包括合同当事人就该项合同文件所做出的补充和修改，属于同一类内容的文件，应以最新签署的为准。专用合同条款及其附件须经合同当事人签字或盖章。

⑦承诺。

a. 发包人承诺按照法律规定履行项目审批手续、筹集工程建设资金并按照合同约定的期限和方式支付合同价款。

b. 承包人承诺按照法律规定及合同约定组织完成工程施工，确保工程质量和安全，不进行转包及违法分包，并在缺陷责任期及保修期内承担相应的工程维修责任。

c. 发包人和承包人通过招投标形式签订合同的，双方理解并承诺不再就同一工程另行签订与合同实质性内容相背离的协议。

⑧词语含义。本协议书中词语含义与第二部分通用合同条款中赋予的含义相同。

⑨签订时间。

⑩签订地点。

⑪补充协议。合同未尽事宜，合同当事人另行签订补充协议，补充协议是合同的组成部分。

⑫合同生效。

⑬合同份数。

（2）《通用合同条款》。

《通用合同条款》是指通用于一切建筑工程，规范承发包双方履行合同义务的标准化条款。其内容一般约定，发包人，承包人，监理人，工程质量，安全文明施工与环境保护，工期和进度，材料与设备，试验与检验，变更，价格调整，合同价格、计量与支付、验收和工程试车、竣工结算、缺陷责任与保修、违约、不可抗力、保险、索赔、争议解决。

（3）《专用合同条款》。

《专用合同条款》是指反映具体招标工程具体特点和要求的合同条款，其解释优于《通用条款》。

7. 建筑装饰装修工程项目合同的履行与变更

建筑装饰装修工程项目合同的履行是指当事人双方按照建筑装饰装修工程项目合同条款的规定全面完成各自义务的活动。建筑装饰装修工程项目合同履行的关键在于建筑装饰装修工程项目变更的处理。

合同的变更是由于设计变更、实施方案变更、发生意外风险等原因而引起的甲乙双方责任、权利、义务的变化在合同条款上的反映。适当而及时的变更可以弥补初期合同条款的不足，但频繁或失去控制的合同变更则会给项目带来重大损失，甚至还会导致项目失败。

（1）合同变更的类型。

①正常和必要的合同变更。建筑装饰装修工程项目甲乙双方根据项目目标的需要，对必要的设计变更或项目工作范围调整等引起的变化，经过充分协商对原订合同条款进行适当的修改，或补充新的条款。由这种有益的项目变化所引起的原合同条款的变更是为了保证建筑装饰装修工程项目的正常实施，它是有利于实现项目目标的积极变更。

②失控的合同变更。如果合同变更过于频繁，或未经甲乙双方协商同意，就会导致项目受损或使项目执行产生困难。这种项目变化所引起的原合同条款的变更不利于建筑装饰装修工程项目的正常实施。

（2）合同变更的内容范围。

①工作项目的变化。由于设计失误、变更等原因而增加的工程任务应在原合同的范围之内，并应有利于建筑装饰装修工程项目的完成。

②材料的变化。为便于施工和供货，有关材料方面的变化一般由施工单位提出要求，通过现场管理机构审核，在不影响项目质量、不增加成本的前提下，双方用变更书加以确认。

③施工方案的变化。在建筑装饰装修工程项目实施过程中，由于设计变更、施工条件改变、工期改变等原因可能会引起原施工方案的改变。如果是由于建设单位的原因所引起的变更，应以变更书加以确认，并给施工单位补偿因变更而增加的费用。如果是由于施工单位自身的原因而引起的施工方案变更，则其增加的费用应由施工单位自己承担。

④施工条件的变化。由于施工条件变化所引起的费用增加和工期延误应采用变更书加以确认。对不可预见的施工条件的变化，其所引起的额外费用增加应由建设单位审核后给予补偿，所延误的工期应由双方协商共同采取补救措施加以解决。施工条件的变化是可以预见的，应是谁的原因谁负责。

⑤国家立法的变化。当由于国家立法发生变化而导致工程成本发生增减时，建设单位应根据具体情况进行补偿和收取。

8. 建筑装饰装修工程项目合同纠纷的处理

对于建筑装饰装修工程项目合同纠纷的处理,通常采取协商、调解、仲裁和诉讼四种方式。

①协商。协商解决是指合同当事人在自愿互谅的基础上,按照法律和行政的规定,通过摆事实、讲道理来解决纠纷的一种方法。自愿、平等、合法是协商解决的基本原则。这是解决合同纠纷最简单的一种方式。

②调解。调解是在第三者的主持下,通过劝说引导,在互谅互让的基础上达成协议,进而解决争端的一种方式。按照调解人的不同,调解形式可以分为民间调解、行政调解、仲裁调解和法院调解。

③仲裁。当合同双方的争端经过监理工程师的决定、双方协商和中间人调解等办法仍然不能解决时,可以提请仲裁机构进行仲裁,由仲裁机构作出具有法律约束力的裁决行为。根据 FIDIC 条约,仲裁是解决建筑装饰装修工程项目合同争端的最后一个手段。

④诉讼。凡是合同中没有订立仲裁条款,事后也没有达成书面仲裁协议的,当事人可以向法庭提起诉讼,由法院根据有关法律条文做出判决。

2.4.4　装饰装修工程施工合同的风险管理

1. 风险概述

(1)风险的定义与相关概念。

①风险的定义。风险是指在给定的情况下和特定的时间内,可能发生的结果之间的差异。风险要具备两方面条件:一是不确定性;二是产生损失后果。

②与风险有关的概念。

a. 风险因素。是指能够产生或增加损失概率和损失程度的条件或因素。可分为自然风险因素、道德风险因素和心理风险因素。

b. 风险事件。是指造成损失的偶发事件,它是造成损失的外在原因或直接原因。

c. 损失。是指经济价值的减少,分为直接损失和间接损失两种。

风险因素、风险事件、损失与风险之间的关系是:风险因素→风险事件→损失→风险。

(2)风险的分类。

①按照风险的后果分类。可将风险分为纯风险和投机风险。前者是指只会造成损失,不会带来收益的风险。而后者则是指可能造成损失,也可能创造额外受益的风险。

②按照风险产生的原因分类。可将风险分为政治风险、社会风险、经济风险、自然风险、技术风险等。

2. 建设工程项目风险与风险管理

(1)建设工程项目风险的特点。

①建设工程项目风险大。这是由建设工程项目本身的固有特性所决定的。

②参与工程建设各方均有风险,但风险有大有小。

(2)风险管理的定义。

风险管理是为了达到一个组织的既定目标,对组织所承担的各种风险进行管理的系统过程,其采取的方法应符合公众利益、人身安全、环境保护及有关法规的要求。

风险管理的过程一般包括以下四个阶段:

①风险辨识。分析存在哪些风险。

②风险分析。衡量各种风险的风险量。

③风险对策决策。制定风险控制方案,用来降低风险量。

④风险防范。采取各种处理方法,以消除或降低风险。

上述四个阶段综合构成了一个有机的风险管理系统,其主要目的就是帮助参与项目的各方承担合适的风险。

(3)风险管理的任务。

①在招标投标的过程中和合同签订之前对风险进行全面分析和预测。

②对风险进行有效预防。

③在合同实施中对可能发生或已经发生的风险进行有效的控制。

(4)风险分析的主要内容。

风险分析是风险管理系统中不可缺少的一部分,其实质就是要找出所有可能的选择方案,并分析任意一个决策可能产生的各种结果,即可以深入了解如果项目没有按照计划实施会发生何种情况。因此,风险分析必须包括两个方面的内容,即风险发生的可能性和产生后果的大小。

客观条件的变化是风险的重要成因。虽然客观状态不以人的意志为转移,但是人们却可以认识和掌握其变化的规律性,并对相关因素做出科学的估计和预测。这是风险分析的重要内容。

风险分析的目标主要有两个:一是损失发生前的目标;二是损失发生后的目标。

①损失发生前的目标。

a.节约经营成本。通过风险分析,可以找到科学、合理的方法来降低各项费用,减少损失,以获得最大的投资或承包安全保障。

b.减少忧虑心理。通过风险分析,可以使人们尤其是管理人员了解风险发生的概率及后果的大小,从而做到有备无患,增强成功的信心。

c.达到应尽的社会责任。对于整个社会来说,单个组织或个人发生损失也会使社会蒙受损失,而风险分析则可以预防这种情况的发生,从而达到应尽的社会责任。

②损失发生后的目标。

a.维持组织继续生存。完善的风险分析,会产生有效的风险防范对策及措施,有助于组织摆脱困境,重新获得生机。

b.使组织收益稳定。损失发生后的组织,通过风险分析,可以使损失的资金重新回流,损失得到补偿,从而维持组织收益的稳定性。

c.使组织能够继续发展。

合同风险分析主要依靠以下几个方面的因素:

①对环境状况的了解程度。要精确地分析风险必须进行详细的环境调查,占有第一手资料。

②对文件分析的全面程度、详细程度和正确性依赖于文件的完备程度。

③对对方意图了解的深度和准确性。

④对引起风险的各种因素的合理预测及预测的准确性。

在分析和评价风险时,最重要的是坚持实事求是的态度,切忌偏颇之见。遇到风险不惊慌、不害怕,关键是能否在充分调查研究的基础上做出正确的分析和评价,从而找到避开和转移风险的措施及办法。

(5)风险的防范。

①风险回避。通常,风险回避与签约前的谈判有关,也可应用于项目实施过程中所做的决策。对于现实风险或致命风险多采取这种方式。

②风险降低。也称为风险缓和,常采用以下三种措施:

a.通过教育培训提高员工素质。

b.对人员和财产提供保护措施.

c.使项目实施时保持一致的系统。

③风险转移。将风险因素转移给第三方,如保险转移等。

④风险自留。一些造成损失小、重复性高的风险适合自留。并不是所有的风险都可以转移,或者说将某些风险转移是不经济的。在某些情况下,自留一部分风险也是合理的。

2.4.5　装饰装修工程施工索赔

1.工程索赔概述

(1)索赔的定义。

索赔是指在合同的实施过程中,合同一方因对方不履行或未能正确履行合同所规定的义务,或未能保证承诺的合同条件实现而遭受损失后,向对方提出的补偿要求。索赔是相互的、双向的。承包人可以向发包人索赔,同样发包人也可以向承包人索赔。

(2)索赔的起因

①发包人违约。包括发包人和工程师没有履行合同责任、没有正确地行使合同赋予的权力、工程管理失误、不按照合同支付工程款等。

②合同错误。如合同条文不全、错误、前后矛盾,设计图纸、技术规范错误等。

③合同变更。如双方签订新的变更协议、备忘录、修正案,发包人下达工程变更指令等。

④工程环境变化。包括法律、市场物价、货币兑换率、自然条件的变化等。

⑤不可抗力因素。如恶劣的气候条件、地震、洪水、战争状态、禁运等。

(3)索赔的分类。

索赔贯穿于工程项目的全过程,发生范围比较广泛。一般可按照下列几种方法进行分类:

①按照索赔当事人分类。

a.承包人与发包人之间的索赔。其内容都是有关工程量计算、变更、工期、质量、价格方面的争议,也有中断或中止合同等其他行为的索赔。

b.承包人与分包人之间的索赔。其内容与上一种索赔相似,但大多数是分包人向总包人索要付款和赔偿,承包人向分包人罚款或扣留支付款。

c.承包人与供贷人之间的索赔。其内容多为产品质量、数量、交货时间、运输损坏等原因。

d.承包人与保险人之间的索赔。此类索赔多为承包人受到灾害、事故等。

②按照索赔事件的影响分类。

a.工期拖延索赔。由于发包人未能按照合同规定提供施工条件,如未及时交付设计图纸、技术资料、场地、道路等,或非承包人原因而导致发包人指令停止工程实施,或其他不可抗力因素作用等原因,造成工程中断或工程进度放慢,使工期拖延,承包人对此提出索赔。

b. 不可预见的外部障碍或条件索赔。在施工期间,承包人在现场遇到一个有经验的承包人通常不能预见到的外界障碍或条件,如地质与预计的(与发包人提供的资料)不同,出现没有预见到的岩石、淤泥或地下水等提出的索赔。

c. 工程变更索赔。由于发包人或工程师指令修改设计、增加或减少工程量、增加或删除部分工程、修改实施计划、变更施工次序,造成工期延长和费用损失的,承包人对此提出索赔。

d. 工程中止索赔。由于某种原因,如不可抗力因素影响、发包人违约,使工程被迫在竣工前停止实施并且不能再继续进行,使承包人蒙受经济损失而提出的索赔。

e. 其他索赔。如货币贬值、汇率变化、物价和工资上涨、政策法令变化、发包人推迟支付工程款等原因所引起的索赔。

③按照索赔要求分类。

a. 工期索赔。要求发包人延长工期,推迟竣工日期。

b. 费用索赔。要求发包人补偿费用损失,调整合同价格。

④按照索赔所依据的理由分类。

a. 合同内索赔。以合同条文作为依据,发生了合同规定给承包人以补偿的干扰事件,承包人根据合同规定提出索赔要求。这是最常见的一种索赔类型。

b. 合同外索赔。是指工程过程中发生的干扰事件,其性质已经超过了合同的范围,在合同中找不出具体的依据,一般必须根据适用于合同关系的法律来解决索赔问题。

c. 道义索赔。是指由于承包人的失误(如报价失误、环境调查失误等)或发生承包人应负责的风险而造成承包人重大的损失所进行的索赔。

⑤按照索赔的处理方式分类。

a. 单项索赔。该索赔是针对某一干扰事件而提出的。索赔的处理是在合同实施的过程中,干扰事件发生时或发生后立即进行。它由合同管理人员进行处理,并在合同规定的索赔有效期内向发包人提交索赔意向书和索赔报告。

b. 总索赔。又称为一揽子索赔或综合索赔。这是在国际工程中经常采用的索赔处理和解决方法。一般在工程竣工之前,承包人将过程中尚未解决的单项索赔集中起来,提出一份总索赔报告。合同双方在工程交付前或交付后进行最终谈判,以一揽子方案解决索赔问题。

2. 建设工程索赔成立的条件及施工项目索赔应具备的理由

(1)建设工程索赔成立的条件。

①与合同对照,事件已经造成了承包人工程项目成本的额外支出或直接工期损失。

②造成费用增加或工期损失的原因,按照合同约定不属于承包人的行为责任或风险责任。

③承包人按照合同规定的程序提交索赔意向通知和索赔报告。

(2)施工项目索赔应具备的理由。

①发包人违反合同,给承包人造成时间、费用的损失。

②因工程变更(含设计变更、发包人提出的工程变更、监理工程师提出的工程变更,以及承包人提出并经监理工程师批准的变更)而造成的时间、费用损失。

③由于监理工程师对合同文件的歧义解释、技术资料不确切,或由于不可抗力导致施工

条件的改变,而造成了时间、费用的增加。

④发包人提出提前完成项目或缩短工期而造成承包人费用的增加。

⑤发包人延误支付期限而造成承包人的损失。

⑥对合同规定以外的项目进行检验,且检验合格,或非承包人的原因导致项目缺陷的修复而造成的损失或费用。

⑦非承包人的原因导致工程暂时停工。

⑧物价上涨、法规变化及其他。

3.常见的建设工程索赔

(1)因合同文件引起的索赔。

①有关合同文件的组成问题引起的索赔。

②关于合同文件有效性引起的索赔。

③因图纸或工程量表中的错误引起的索赔。

(2)有关工程施工的索赔。

①地质条件变化引起的索赔。

②工程中人为障碍引起的索赔。

③增减工程量的索赔。

④各种额外的试验和检查费用偿付。

⑤工程质量要求变更引起的索赔。

⑥关于变更命令有效期引起的索赔或拒绝。

⑦指定分包商违约或延误造成的索赔。

⑧其他有关施工的索赔。

(3)关于价款方面的索赔。

①关于价格调整方面的索赔。

②关于货币贬值和严重经济失调而导致的索赔。

③拖延支付工程款的索赔。

(4)关于工期的索赔。

①关于延展工期的索赔。

②由于延误产生损失的索赔。

③赶工费用的索赔。

(5)特殊风险和人力不可抗拒灾害的索赔。

特殊风险一般是指战争、敌对行动、入侵、核污染及冲击波破坏、叛乱、革命、暴动、军事政变或篡权、内战等;人力不可抗拒灾害主要是指自然灾害。

(6)工程暂停、中止合同的索赔。

①施工过程中,工程师有权下令暂停工程或任何部分工程,只要这种暂停命令并非承包人违约或其他意外风险而造成的,承包人不仅可以得到一切工期延展的权利,而且还可以就其停工损失获得合理的额外费用补偿。

②中止合同与暂停工程的意义是不同的。有些中止的合同是由于意外风险造成的损害十分严重而引起的,另一种中止合同则是由于"错误"而引起的中止。例如,发包人认为承包人不能履约而中止合同,甚至从工地驱逐该承包人。

4. 建设工程索赔的依据

(1)合同文件。

合同文件是索赔的最主要依据。

(2)订立合同所依据的法律法规。

①适用的法律、法规。建设工程合同文件适用国家的法律和行政法规。需要明示的法律、行政法规,由双方在《专用合同条款》中约定。

②适用的标准、规范。双方在《专用合同条款》中约定适用国家标准、规范的名称。

(3)相关证据。

证据是指能够证明案件事实的一切材料。在企业维护自身权利的过程中,其根本目的就是要明确对方的责任和自身的权利,减轻自己的责任,减少甚至消除对方的权利。这所有的一切都必须依法进行。

工程索赔中的证据主要包括以下几种:

①招标文件、合同文本及附件,其他的各种签约(如备忘录、修正案等),发包人认可的工程实施计划,各种工程图纸(包括图纸修改指令),技术规范等。

②来往信件,如发包人的变更指令,各种认可信、通知、对承包人问题的答复信等。

③各种会谈纪要。

④施工进度计划和实际施工进度。

⑤施工现场的工程文件。

⑥工程照片。

⑦气候报告。

⑧工程中的各种检查验收报告和各种技术鉴定报告。

⑨工地的交接记录、图纸和各种资料交接记录。

⑩建筑材料和设备的采购、订货、运输、进场,使用方面的记录、凭证和报表等。

⑪市场行情资料,包括市场价格、官方的物价指数、工资指数、中央银行的外汇比率等公布材料。

⑫各种会计核算资料。

⑬国家法律、法令及政策文件。

5. 建设工程索赔的程序和索赔文件的编制方法

(1)索赔程序。

①提出索赔要求。当出现索赔事项时,承包人以书面的索赔通知书形式,在索赔事项发生后的 28 d 内,向工程师正式提出索赔意向通知。

②报送索赔资料。在索赔通知书发出后的 28d 内,向工程师提出延长工期和(或)补偿经济损失的索赔报告及有关资料。

③工程师答复。工程师在收到承包人送交的索赔报告的有关资料以后,于 28 d 内给予答复,或要求承包人进一步补充索赔理由和证据。

④工程师逾期答复的后果。工程师在收到承包人送交的索赔报告的有关资料以后,28 d 内未予答复或未对承包人作进一步要求的,则视为该项索赔已经认可。

⑤持续索赔。当索赔事件持续进行时,承包人应阶段性地向工程师发出索赔意向,在索赔事件终了后的 28 d 内,向工程师送交索赔的有关资料和最终索赔报告。工程师应在 28 d

内给予答复或要求承包人进一步补充索赔的理由和证据。逾期未答复的,则视为该项索赔成立。

⑥索赔的解决。索赔的解决方法一般采用谈判和调解,当承包人和发包人不能接受时,即进入仲裁及诉讼程序。

(2)索赔文件的编制方法。

①总述部分。概要论述索赔事项发生的日期和过程、承包人为该索赔事项所付出的努力和附加开支,以及承包人的具体索赔要求。

②论证部分。该部分是索赔报告的关键部分,其目的是说明自己有索赔权,是索赔能否成立的关键。

③索赔款项(或工期)计算部分。如果说合同论证部分的任务是解决索赔权能否成立,那么款项计算则是为了解决能得到多少款项。前者定性,后者定量。

④证据部分。要注意引用的每个证据的效力或可信程度,对重要的证据资料最好附以文字说明或确认件。

6.建设工程的反索赔

(1)建设工程反索赔的概念。

反索赔是相对于索赔而言的,是对提出索赔的一方的反驳。发包人可以针对承包人的索赔进行反索赔,同样承包人也可以针对发包人的索赔进行反索赔。通常的反索赔主要是指发包人向承包人的反索赔。

(2)建设工程反索赔的特点。

①索赔与反索赔具有同时性。

②技巧性强,处理不当将会引起诉讼。

③在反索赔时,发包人处于主动的、有利的地位,发包人在经过工程师证明承包人违约以后,可直接从应付工程款中扣回款项,或从银行保函中得到补偿。

(3)发包人对承包人反索赔的内容。

①工程质量缺陷反索赔。

②拖延工期反索赔。

③保留金的反索赔。

④发包人其他损失的反索赔。

2.4.6　案例分析

【背景材料】

某建设单位(甲方)拟装修职工招待所 4～7 层,并采用招标方式由某装饰装修公司(乙方)承建,甲乙双方签订的施工合同摘要如下:

(一)工程概况:

工程名称:职工招待所 4～7 层装修

工程地点:市区

工程内容:建筑面积为 1 000 m² 的客房装修

(二)工程承包范围

某装饰装修设计公司设计的施工图所包括的装饰装修、给排水、采暖、通风空调、电气

(强、弱电)等工程

(三)合同工期

开工日期:2012 年 4 月 21 日

竣工日期:2012 年 6 月 2 日

合同工期总日历天数 40 天(扣除 5 月 1~3 日)

(四)质量标准:达到甲方规定的质量标准

(五)合同总价款:壹佰壹拾肆万伍仟元人民币(114.5 万元)

(六)乙方承诺的质量保修期:该项目各专业保修期均为一年,在保修期内由乙方承担全部保修责任。

(七)争议:甲乙方在履行合同时发生争议,可以向约定的仲裁委员会申请仲裁,如果双方对仲裁结果不满意,可向有管辖权的人民法院起诉解决争议。

(八)合同生效

合同订立时间:2012 年 1 月 10 号

合同订立地点:×区×街×号

本合同双方约定:经双方主管部门批准及公证后生效

【问题】

(1)施工合同文件由哪几部分构成?

(2)上述施工合同条款有哪些不妥之处? 应该如何修改?

【参考答案】

(1)施工合同文件包括两大部分:一是签订合同时已经形成的文件;二是履行过程中构成对双方有约束力的文件。

①订立合同时已形成的文件。包括:施工合同协议书、中标通知书、投标书及其附件、施工合同专用条款、施工合同通用条款、标准规范及有关技术文件、图纸、工程量清单、工程报价单或预算书。

②合同履行过程中形成的文件。包括:工程洽商、变更等书面协议也视为合同协议书的组成部分。

(2)该合同存在的不妥之处及其修改方法。

①合同工期总日历天数不应扣除节假日,可将该节假日时间加到总日历天数中。

②不应以甲方规定的质量标准作为该工程的质量标准,而应以《建筑工程施工质量验收统一标准》(GB 50300—2001)及有关专业施工质量验收规范中规定的质量标准作为该工程的质量标准。

③质量保修条款不妥,应该按照《建筑工程质量管理条例》的有关规定进行修改。

④争议的解决方式不对,发包人和承包人在履行合同时发生争议可以进行和解,也可以要求主管部门进行调解。当事人不愿和解、调解或者和解、调解不成的,双方可以在专用条款内约定下述一种方式解决争议:

a. 双方达成仲裁协议,向约定的仲裁委员会申请仲裁。

b. 向有管辖权的人民法院起诉。根据《合同法》的有关规定,仲裁机构做出裁决后立即生效。合同双方当事人就同一纠纷再申请仲裁或者向人民法院起诉的,仲裁委员会或者人民法院不再受理。

⑤从该合同背景来看,合同双方是合法的独立法人单位,不应约定经双方主管部门批准后该合同生效。

2.5　装饰装修综合管理

2.5.1　装饰装修料具管理

1.装饰装修材料管理

(1)装饰装修材料管理的任务。

装饰装修材料管理是指材料在流通领域以及再生产领域中的供应和管理工作。装饰装修企业材料管理工作是指对施工生产过程中所需各种材料的计划申请、订货、采购、运输、储存、发放及消耗等所进行的一系列组织和管理工作。

装饰装修施工生产是不间断进行的,是材料不断消耗的过程,也是材料不断补充的过程,如果某一种材料中断,施工生产就可能会停止。由于装饰装修工程总值中材料费占有很大的比重,所以在必须保证材料供应的同时,还应在材料采购中注意降低材料成本,在施工生产中节约使用,降低消耗,控制材料库存、节约使用材料储备资金等,这些都会直接影响到企业的经营成果。因此,加强建筑装饰装修企业材料管理,对保证装饰装修施工中缩短工期、提高工程质量、降低工程成本,都是十分重要的。

装饰装修企业材料管理的任务可用"供"、"管"、"用"三个字来归纳形容。其具体任务有:

①编制好材料供应计划,合理组织货源,做好供应工作。

②按照施工计划进度的需要和技术要求,按时、按质、按量配套供应材料。

③严格控制、合理使用材料,以降低消耗。

④加强仓库管理,控制材料储存,切实履行仓库保管和监督的职能。

⑤建立健全材料管理的规章制度,使材料管理条理化。

(2)材料的分类。

①按照材料在施工中的作用分类。

a.主要材料。是指直接用于工程上,能够构成工程实体的各种材料。

b.辅助材料。是指用于施工生产过程中,虽不构成工程实体,但有助于工程的形成所消耗的材料。

c.周转材料。是指施工过程中能够反复多次周转使用,而又基本上保持其原有形态的工具性材料。

d.低值易耗品。是指价值较低,又容易消耗的物品。"价值较低"是指达不到固定资产的最低限额;"容易消耗"是指达不到固定资产的最低使用期限。

e.机械配件。是指机械设备维修耗用的各种零件、部件及维修材料。

这种分类方法的优点是:便于制定材料消耗定额,核算工程成本,核定材料储备定额。

②按照材料的自然属性分类。是指按照材料的物理化学性能、技术特征等进行分类。一般可分为:黑色金属材料,有色金属材料,五金制品,水泥及制品,木质及竹质材料,涂饰材料,油漆化工、防水保温材料,玻璃、陶瓷、塑料、石膏制品,电工电料,水暖器材,胶结密封材

料,砖瓦砌块材料,砂石骨料,手工工具,护具和其他等若干类。

这种分类方法对于各类物资的平衡计算,对于物资的采购和保管都具有重要意义。

(3)材料的供应方式。

材料供应方式的选择,应结合本地区的物资管理体制、甲方的有关要求、工程规模和特点、企业常用供应习惯来确定。总之,材料供应要从实际情况出发,以确保施工需要并取得较好的经济效益。

①集中供应。是指全部材料供应集中在公司一级的材料部门,由其统一计划、订货、调度、储备和管理,并按照施工进度的要求,按质、按量、按时供应给工地。这种供应方式一般适用于规模较大的装饰装修工程项目。

②分散供应。是指将材料供应工作分散到公司内部基层单位,在公司统一计划下,由基层单位负责材料的采购、调度、储备和管理。这种供应方式一般适用于跨出本地区的装饰装修工程或公司任务不集中、不能全部保证材料供应的情况。

③分散与集中相结合供应。这种方式是指对主要物资和紧缺材料由公司一级材料部门负责采购、调度、储备、管理和供应,而对普通材料(如地方材料等)以及量少种类多且容易在市场采购到的材料,则由基层单位负责采购、调度、储备和管理。

(4)材料定额与计划管理。

①材料的消耗量与消耗定额。材料的消耗量是指材料在运输、装卸、保管、施工准备、施工过程、发生返工和材料形成工程实体的额外损耗与有效消耗的总和。材料消耗定额是指在一定条件下,完成单位工程量,合理消耗材料的数量标准。材料消耗定额是由有效消耗、施工损耗和管理损耗所构成的。材料消耗量的构成与材料消耗定额的构成是两个既有联系又有区别的概念。

材料消耗定额的作用如下:

a.是核算材料用量与编制材料计划的重要依据。

b.是搞好材料供应与科学管理的基础。

c.是开展经济核算、衡量节约或超支的标准。

d.是提高施工技术和科学管理水平的重要手段。

e.是实行经济责任制和开展增产节约的有力工具。

②材料的计划管理。材料的计划管理是查明材料的施工需要和库存资源,经过综合平衡,确定材料采购、挖掘潜力措施,组织货源,供应施工,监督耗用全过程中管理活动的总和。

a.材料计划的编制。材料计划一般按照年、季、月进行编制:

·材料需用量计划。该计划是确定完成一定的具体任务量所需各种分类名称、规格的材料需用量和需用时间的计划,可采用直接计算法和间接计算法两种方法进行编制。

直接计算法的公式如下:

某种材料计划需用量 = 装饰装修实物工程量 × 某种材料消耗定额

上式中,装饰装修实物工程量是从工程预算中计算得出的,而材料消耗定额则由企业根据自身的管理水平而定。

间接计算法的公式如下:

某种材料计划需用量 = 某类型工程建筑面积 × 某类型工程每 1 m² 某种材料消耗定额 × 调整系数

·材料供应计划。该计划是装饰装修企业施工技术财务计划的重要组成部分,是为了完成施工任务,组织材料采购、订货、运输、仓储及供应管理各项业务活动的行为指南。其计算公式如下:

材料供应量 = 需用量 - 期初库存量 + 周转储备量

·材料采购计划。是指根据需用量计划而编制的材料市场采购计划。其计算公式如下:

材料采购量 = 计划期需用量 + 计划期末储备量 - 计划期的预计库存量 - 其他内部资源量

b.材料计划的执行和检查。材料计划编制好以后,要积极组织材料供应计划的执行和实现。要明确分工,各部门要相互支持,协调配合,搞好综合平衡,积极做好供应材料的工作。在材料供应计划执行过程中,要经常检查分析,掌握计划执行的情况,及时发现问题,并采取有效措施,保证计划的全面完成。

(5)材料的运输与库存。

①材料的运输。材料的运输是材料供应工作的重要环节,是企业管理的重要组成部分,也是供应与消费的桥梁。材料运输管理要遵循“及时、准确、安全、经济”的原则,搞好运力调配、材料发运和接运,有效地发挥运力作用。

材料的运输要选择合理的运输路线、运输方式和运输工具。要以最短的路程、理想的速度、最少的环节和最低的费用把材料运至目的地,避免对流运输、重复运输、迂回运输、倒流运输和过远运输,以提高运输工具的使用效率。

②材料的库存管理。材料的库存管理是材料管理的重要组成部分。材料库存管理工作的内容及要求主要有以下几个方面:

a.合理确定仓库的位置、面积、结构和储存、装卸、计量等仓库作业设施的配备。

b.精心计算库存,建立库存管理制度。

c.把好物资验收入库关,做好科学保管和保养工作。

d.做好材料的出库和退库工作。

e.做好清仓盘点和利库工作。

此外,材料的仓库管理应既管供又管用,积极配合施工部门做好消耗考核和成本核算,以及回收废旧物资,开展综合利用。

(6)材料的现场管理。

①施工准备阶段的材料管理。

a.做好现场调查和规划。

b.根据施工图预算和施工预算计算主要材料需用量,结合施工进度分期分批地组织材料进场并为定额供料做好准备,配合组织预制构配件加工订货,落实使用构配件的顺序、时间和数量,规划材料堆放位置,按照先后顺序组织进场,为验收保管创造条件。

c.建立健全现场材料管理制度,做好各种原始记录的填报及各种台账的准备,为做到核算细、数据准、资料全、管理严创造条件。

施工准备阶段的材料准备,不仅开工前需要,而且还要环环相扣地贯穿于施工的全过程中,这是争取施工掌握主动权,按照计划顺利组织施工,并且完成任务的保证。

②施工阶段的材料管理。施工阶段也是材料消耗过程的管理阶段,同时还贯穿着验收、保管和场容管理等环节,它是现场材料管理的中心环节。其主要内容有以下几点:

　　a.根据工程进度的不同阶段所需的各种材料,及时、准确、配套地组织进场,保证施工能够顺利进行,合理调整材料的堆放位置,尽量做到分项工程活完料尽。

　　b.认真做好材料消耗过程的管理,健全现场材料领退交接制度、消耗考核制度及废旧回收制度,健全各种材料收发(领)退原始记录和单位工程材料消耗台账。

　　c.认真执行定额供料制,积极推行"定、包、奖",即定额供料、包干使用、节约奖励的办法,促进降低材料消耗。

　　d.建立健全现场场容管理责任制,实行划区、分片、包干责任制,促进施工人员及队组作业场地清,搞好现场堆料区、库房、料棚、周转材料及工场的管理。

　　③施工收尾阶段的材料管理。施工收尾阶段的材料管理主要包括以下内容:

　　a.认真做好收尾准备工作,控制进料,减少余料,拆除不用的临时设施,整理、汇总各种原始资料、台账和报表。

　　b.全面清点现场及库存材料。

　　c.核算工程材料消耗量,计算工程成本。

　　d.工完场清,余料清理。

2.机具管理

　　(1)机械设备管理。

　　①机械设备管理的任务。装饰装修企业机械设备管理的任务,就是全面而科学地做好机械设备的选配、管理、保养和更新,保证为企业提供适宜的技术装备,为机械化施工提供性能好、效率高、作业成本低、操作安全的机械设备,使企业施工活动建立在最佳的物质技术基础上,不断提高企业的经济效益。

　　②机械设备的使用管理。机械设备使用管理是机械设备管理的一个基本环节,正确且合理地使用设备,能够充分发挥设备的效率,保持较好的工作性能,减少磨损,延长设备的使用寿命。机械设备使用管理的主要工作如下:

　　a.人机固定,实行机械使用、保养责任制。机械设备要定机定人或定机组,明确责任制,在降低使用消耗、提高效率方面与个人经济利益相结合。

　　b.实行操作证制度,机械操作人员必须经过培训合格,才能发给操作证。

　　c.操作人员必须坚持做好机械设备的例行保养工作,经常保持机械设备的良好状态。

　　d.遵守磨合期的使用规定。

　　e.实行单机或机组核算。

　　f.合理组织机械设备施工,培养机务队伍。

　　g.建立设备档案制度。

　　③机械设备的保养、修理和更新。

　　a.机械设备的保养。机械设备的保养方式分为以下两种:

　　·例行保养。该保养方式属于正常使用管理工作,它不占用机械设备的运转时间,由操作人员在机械使用前后和中间进行。内容主要包括:保持机械的清洁,检查运转情况,防止机械腐蚀,按照技术要求紧固易于松脱的螺栓,调整各部位不正常的行程和间隙。

　　·强制保养。这是按照一定周期,需要占用机械设备的运转时间而停工进行的保养。该保养方式是按照一定周期的内容分级进行的,保养周期需根据各类机械设备的磨损规律、作业条件、操作维修水平以及经济性四个主要因素来确定,保养级别由低到高,如起重机、挖土机等大型设备要进行一至四级保养,汽车、空压机等进行一至三级保养,其他机械设备多为一、二级保养。

b. 机械设备的修理。是指对机械设备的自然损耗进行修复,消除机械运行的故障,对损坏的零件进行更换和修复。机械设备的修理分为大修、中修及零星小修。

c. 机械设备的更新。机械设备随着使用时间的延长将逐步降低或丧失其价值。丧失价值是指设备由于各种原因而导致损坏,不能再用。机械设备的价值降低是指设备因老化而增加运转费用或生产性能下降,以及陈旧过时,继续使用就不一定经济。因此,需要考虑采用新的设备来代替,即进行机械设备的更新。

(2)施工现场机具(工具)管理。

装饰装修施工所用的机具(工具)品种较多,数量较大,在施工过程中起着举足轻重的作用。由于机具(工具)的性质及作用不同、价值补偿不同、核算项目不同、管理方法不同,所以机具的管理与材料有着本质上的区别。

①机具(工具)管理的任务。

a. 及时齐备地向工人提供优良、适用的机具(工具),并积极采用先进的新型机具(工具),促进施工的顺利进行,提高劳动生产率。

b. 采取有效的管理方式,充分发挥机具的效能,加速机具(工具)的周转,延长其使用寿命,定额供应,节约有奖,调动工人爱护机具(工具)的积极性。

c. 加强机具(工具)的收、发、用、保管和维修管理,做到物尽其用,防止丢失、损坏,做好工具核算,节约工具费用。

②现场机具管理。施工现场的机具(工具)管理与核算有多种形式,主要有以下几种:

a. 实行机具(工具)津贴和学徒期发放机具(工具)。施工生产工人按照实际工作日发给机具(工具)津贴;学徒工在学徒期内不享受机具(工具)津贴,由企业发给其必要的机具(工具)。

b. 按照定额工日实行机具费包干。采用这一形式,要根据施工要求和历史水平制定定额工日机具(工具)费包干标准。

c. 实行施工机具(工具)按照"百元产值"包干,即"百元产值定额",也就是完成每百元工作量应耗机具(工具)费定额。

d. 按照分部工程对施工机具(工具)费包干。实行单位工程全面承包或分部分项承包中机具(工具)费按照定额包干,节约有奖,超支受罚。

e. 按照工种机具(工具)配备消耗定额对生产班组集体实行定包。

③机具(工具)仓库管理。

a. 建立机具(工具)管理仓库和机具(工具)管理账。

b. 机具(工具)领用要有定额、限额制度。

c. 在实行机具(工具)费定额包干方式的企业,仓库发放机具(工具)时按照日租金标准取费,有偿使用。

d. 工人调动时,在企业范围内调动的,随手机具(工具)可随同带走,并将工具卡转到调入单位去;调出本企业的,应将所有机具(工具)全部退还。

e. 机具(工具)摊销方法分为多次摊销、五五摊销和一次摊销,具体视其价值和耐用程度而定。

(3)机具及周转材料的租赁。

机具及周转材料的租赁是指施工企业向租赁公司(站)及拥有机具和周转材料的单位支付一定租金以取得使用权的业务活动。这种方法有利于加速机具和周转材料的周转,提高其使用效率和完好率,减少资源的浪费。装饰装修企业因临时、季节性需要,或因推行小集体单位工程承包而要使用大型机具和周转材料时,无须购买,只需向租赁企业或部门租赁即可满足施工生产的需要。这样变买为租,用时租借,用完归还,施工企业只负担少量租金,既减少了购置费,加快了资金周转,又可提高经济效益。

目前,机具和周转材料的租赁有两种基本形式:一是施工企业内部核算单位的租赁站(组),以对内租赁为主,有多余的也可以对外租赁;二是具有法人资格的专业租赁公司(站),对外经营租赁业务,为施工企业提供方便。

2.5.2 装饰装修工程施工现场管理

1. 施工现场管理的重要性及其内容

(1)施工现场管理的重要性。

施工现场管理是建筑企业为完成建筑工程的施工任务,从接受施工任务开始到工程验收交工为止的全过程,围绕施工现场和施工对象而进行的生产事务的组织管理工作。对施工现场进行管理,目的是为了在施工现场充分利用施工条件,发挥各施工要素的作用,保持各方面工作的协调一致,使施工能够正常进行,并按时、按质的提供建筑装饰装修产品。

建筑装饰装修工程施工是一项非常复杂的生产活动。它具有与其他产品管理不同的特点,如流动性大、周期长,属于现场型作业,物资供应、工艺操作、技术、质量、劳动力组织均围绕施工现场进行等。因此,搞好施工现场的各项管理工作,正确的处理现场施工过程中的劳动力、劳动对象和劳动手段在空间布置和时间排列上的矛盾,保证和协调施工工作的正常进行,做到人尽其才、物尽其用,对多快好省地完成任务,为国家和人民提供更多更好的建筑产品有着十分重要的意义。

(2)施工现场管理的内容。

①进行开工前的现场施工条件的准备工作,促成工程开工。

②进行施工中的经常性准备工作。

③编制施工作业计划,按照计划组织综合施工,进行施工过程的全面控制和全面协调。

④加强对施工现场的平面管理,合理利用空间,做到文明施工。

⑤利用施工任务书有关内容进行基层队组的施工管理。

⑥组织工程的交工验收。

2. 施工作业计划

施工作业计划是计划管理中的最基本环节,是实现年度、季度计划的具体行动计划,同时也是指导现场施工活动的重要依据。

(1)施工作业计划编制的原则和依据。

①编制施工作业计划应遵循以下原则:

a. 坚持实事求是、切合实际的原则。

b. 坚持以完成最终建筑产品为目标的原则。

c. 坚持合理、均衡、协调和连续的原则。

d. 坚持讲求经济效益的原则。

②编制现场施工作业计划的依据有以下几点：

a. 企业年、季度施工进度计划。

b. 企业承揽与中标的工程任务及合同要求。

c. 各种施工图纸和有关技术资料、单位工程施工组织设计。

d. 各种材料、设备供应的渠道、方式和进度。

e. 工程承包组的技术水平、施工能力、组织条件及历年所达到的各项技术经济指标水平。

f. 施工工程资金的供应情况。

（2）施工作业计划编制的内容和方法。

①施工作业计划编制的内容。施工作业计划一般是月度施工作业计划，主要有编制说明和施工作业计划表两项内容。

a. 编制说明的主要内容。包括：编制依据；施工队组的施工条件；工程对象条件；材料及物资供应情况；有何具体困难或需要解决的问题等。

b. 月度施工作业计划表。月度施工作业计划表名称及参考表格样式如下：

· 主要计划指标汇总表，见表 2.1。

表 2.1　主要计划指标汇总表

＿＿年＿＿月

指标名称	单位	合计			按单位分列						
		上月实际完成	本月实际完成	本月比上月提高%	××工程处	××工程处	××加工厂	机运处	水电队	机关	…

· 施工项目计划表，见表 2.2。

表 2.2　施工项目计划表

＿＿年＿＿月

建设单位及单位工程	结构	层次	开工日期	竣工日期	面积		上月末进度	本月末形象进度	工作量/万元	
					施工 m²	竣工 m²			总计	自行

· 主要实物工程量汇总表,见表2.3。

表2.3 主要实物工程量汇总表
___年___月

分项 名称	吊顶棚 /m²	墙柱面 /m²	楼地面 /m²	门窗安装 /m²	油漆粉刷 /m²	装饰灯具 /个	其他零 星项目
合计							
一队							
二队							

· 施工进度表,见表2.4。

表2.4 施工进度表
___年___月

序号	分部分项工程名称	单位	工程量	单价	工作量	工程内容及形象进度

· 劳动力需用量及平衡表,见表2.5。

表2.5 劳动力需用量及平衡表
___年___月

工种	计划工日数	计划工作天	出勤率	计划人数	现有人数	余缺人数(+)(-)	备注

· 主要材料需用量表,见表2.6。

表2.6 主要材料需用量表
___年___月

建设单位与单位工程	材料名称	型号规格	单位	数量	计划需要日期	平衡供应日期	备注

· 大型施工机械设备需用计划表,见表2.7。

表2.7　大型施工机械设备需用计划表

_____年_____月

机械名称	能力规格	使用单位工程名称	分部分项工程名称	数量	计划台班产量	计划台班数	需要机械数量	计划起止日期	平衡供应		备注
									数量	起止日期	

· 预制构配件需用计划表,见表2.8。

表2.8　预制构配件需用计划表

_____年_____月

建设单位及单位工程	构配件名称	型号名称	单位	数量	计划需要日期	平衡供应日期	备注

· 技术组织措施、降低成本计划表,见表2.9。

表2.9　技术组织措施、降低成本计划表

_____年_____月

措施项目名称	措施涉及的工程项目名称及工程量	措施执行单位及负责人	措施的经济效果							降低其他直接费	降低管理费	降低成本合计	备注
			降低材料费					降低基本工资					
			钢材	水泥	木材	其他材料	小计	减少工日	金额				

　　由于施工企业所处的地区及管理方式各异,上述表格形式也不尽一致,内容也不一定相同,各企业可根据具体情况进行取舍。

　　②施工作业计划的编制方法。

　　a.定额控制法。这种方法利用工期定额、材料消耗定额、机械台班定额和劳动力定额等测算各项计划指标的完成情况,然后编制各种计划表。

　　b.经验估算法。这种方法根据上年计划的完成情况及施工经验估算近期各项指标计划。

　　c.重要指标控制法。是指在编制计划时,先确定施工中的几项重点指标计划,然后再相应地编制其他计划指标。

　　此外,编制施工作业计划还有其他多种方法,各施工企业应根据自身的实施情况选用。

　　(3)施工作业计划的贯彻和调整。

　　①施工作业计划的贯彻执行。为了确保现场施工作业计划安排的实施和计划指标的完成,必须抓住"施工计划的贯彻执行"这一关键环节。作业计划的贯彻执行大致可采用以下

两种方式：

a.下达施工任务书法。施工任务书是实施月度作业计划,指导队、组作业计划的技术文件。施工任务书可由计划员或工长签发,签发内容以月度作业计划和施工定额为依据。施工任务书在执行中要认真记录用工、用料及完成任务情况。任务完成后要回收,由施工队作为验收、结算、计发工资奖金、进行施工统计的依据。

b.承包合同法。这种方法是指运用经济手段调动广大施工人员全面完成计划的积极性,实行层层承包合同制。签订承包合同也是下达计划、落实任务、全面进行交底和明确奖罚的过程。

②施工作业计划的调整方法。现场施工作业计划虽然属于短期计划,但施工队组在计划执行的过程中,难免会受到各种影响因素的制约,使计划与实际完成情况有所出入,工期的超前和拖后是常有的事。为了使作业计划切合实际情况,充分利用人力、物力和财力,应根据施工条件和变化了的情况,经常进行计划调整,使其能够及时准确地指导现场施工生产。施工作业计划的调整方法有协调平衡法和短期滚动计划法两种。前者一般根据各单位制订的计划调整检查制度而定期进行,必要时还需根据计划执行情况,临时召集有关单位开会研究,进行统一调整;后者是指把施工作业计划分阶段进行编制,近期细、远期粗,然后分段定期调整,使之切合施工生产实际。

3.施工准备工作

(1)组织准备。

组织准备是建立项目施工的经营、指挥机构及职能部门,并配备一定的专业管理人员的工作。大中型工程应成立专门的施工准备工作班子,具体开展施工准备工作。对于不需要单独组织项目经营指挥机构和职能部门的小型工程,则应明确规定各职能部门有关人员在施工准备工作中的职责,形成相应的、非独立的施工准备工作班子。有了组织机构和人员分工,繁重的施工准备工作才能在组织上得到保证。

(2)技术准备。

技术准备工作的具体内容如下：

①向建设单位和设计单位调查了解项目的基本情况,索取有关技术资料。

②对施工区域的自然条件进行调查。

③对施工区域的技术经济条件进行调查。

④对施工区域的社会条件进行调查。

⑤编制施工组织设计和工程预算。

(3)物资准备。

①施工之前,应及早办理物资计划申请和订购手续,组织预制构件、配件和铁件的生产或订购,调配机械设备等。

②施工开始以后,应抓好进场材料、配件和机械的核对、检查和验收工作,进行场内材料运输调度以及材料的合理堆放,并要抓好材料的修旧利废等工作。

(4)队伍准备。

①按照计划分期分批的组织施工队伍进场。

②办理临时工、合同工的招收手续。

③按照计划培训施工所需的稀缺工种、特殊工种的工人。

（5）现场场地准备。

①搞好"三通一平"，即路通、电通、水通，平整、清理施工场地。

②现场施工测量。对拟装修工程进行抄平、定位放线等工作。

（6）提出开工报告。

以上各项工作准备就绪以后，由施工承包单位提出开工报告，待批准后工程才能开工。开工报告可参照建筑工程开工申请报告的表格样式进行填写。开工报告应一式四份，送公司审批后，施工处存一份，退回三份。退回的三份：公司档案一份，填报单位一份，建设单位一份。

4.施工现场检查、调度及交工验收

（1）施工过程的检查和督促。

施工过程的检查和督促工作应从施工进度、平面布置、质量、安全、节约等方面进行。

①施工进度。施工进度安排要严格按照施工组织设计中施工进度计划要求执行。施工现场管理人员要定期检查施工进度情况，对施工进度拖后的施工队或班组，要督促其在保证质量和安全的前提下加快施工速度。否则，有可能会使工期拖后而影响工程按期完成交付使用。

②平面布置。施工现场的平面布置是合理使用场地，保证现场道路及水、电、排水系统畅通，搞好施工现场场容，以实现科学管理、文明施工为目的的重要措施。施工平面布置管理的经常性工作主要有以下几个方面的内容：

a.检查施工平面规划的贯彻执行情况，督促按照施工平面布置图的规定兴建各项临时设施，摆放大宗材料、成品、半成品及施工机械设备。

b.对各单位、各部门需用场地的申请进行审批，根据不同时间和不同需要，结合实际情况，合理调整场地。

c.确定临时设施的位置，批示坐标并负责核实检查。

d.对大宗材料、设备的车辆进场时间作妥善安排，避免因拥挤而导致交通堵塞。

e.对超大型施工机械和超大型设备进场运行路线进行审批。

f.掌握现场动态，定期召开现场管理检查会议。

③质量检查。质量的检查和督促工作是施工中必不可少的一个环节，是保证和提高工程质量的重要措施。工程质量和企业信誉紧密相连，在市场经济的格局下，施工企业工程质量的好坏，决定了其竞争力的大小，进而决定了其生存与发展。因此，施工企业从领导到工人均应明确树立"质量第一"的思想，认真搞好工程质量，一丝不苟地进行质量检查和督促工作，严格把好质量关。质量检查和督促主要应做好以下两个方面的工作：

a.施工作业的检查和督促。内容包括：

·检查工程施工是否遵守设计规定的工艺流程，是否严格按图施工。

·施工是否遵守操作规程和施工组织设计规定的施工顺序。

·材料的储备、发放是否符合质量管理的规定。

·隐蔽工程的施工是否符合质量检查和验收规范。

b.经常性的质量检查。内容包括：

·材料、成品和半成品的经常性检查。

·各种仪器、设备、量具、机具的定期检查和用前检修、校验。

·施工过程的检查和复查。

质量检查要坚持专业检查与群众检查相结合的方式,认真执行关键项目和隐蔽工程的检查验收,班组自检、互检、交接检及施工队组、工程处和公司的定期检查制度。

④安全检查。安全检查是为了防止工程施工高空作业和工程交叉、穿插施工中发生伤亡事故的重要措施。进行安全检查,应加强对工人的安全教育,克服麻痹思想,不断提高职工安全生产的积极性。同时,还要经常对职工进行有针对性的安全生产教育。新工人上岗位之前要进行安全生产的基本知识教育,对容易发生事故的工种,还要进行安全操作训练,确实掌握安全操作技术以后才能独立操作。此外,要定期或不定期地检查安全生产规范、规程的执行情况,杜绝事故发生,发现隐患应立即消除。

⑤节约检查。节约检查涉及了施工管理的各个方面,它与劳动生产率、材料消耗、施工方案、平面布置、施工进度、施工质量等都有关。施工中的节约检查和督促要以施工组织设计为依据,以计划为尺度,认真检查和督促施工现场人力、财力和物力的节约,经常总结经验,查明产生浪费的问题和原因并切实加以解决。

(2)施工调度工作。

①施工调度工作的内容。

a. 监督、检查计划和合同的执行情况,掌握和控制施工进度,及时进行人力、物力的平衡,调配人力,督促物资、设备的供应。

b. 及时解决施工现场出现的各种矛盾,搞好各个方面的协调配合。

c. 监督工程质量和安全施工。

d 检查后续工序的准备情况,布置工序之间的交接。

e. 定期组织施工现场调度会,落实调度会的决定。

f. 及时公布天气预报,做好预防准备。

②做好调度工作的要求。

a. 调度工作要有充分的依据。这些依据都是计划文件、设计文件、施工组织设计、有关技术组织措施、上级的指示以及施工过程中发现和检查出来的问题。

b. 调度工作要做到及时、准确和有预防性。及时是指反映情况和调度处理及时。准确是指依据准确、了解情况准确、分析原因准确、处理问题的措施准确。预防性是指在工程中对可能出现的问题在调度上要提出防范措施和对策。

c. 逐步采用新的、现代化的方法和手段,如通信设备、电子计算机等。

d. 为了加强施工的统一指挥,应建立健全调度工作制度(包括调度值班制度、调度报告制度等)。

e. 建立施工调度机构网,由各班组主管施工的负责人兼调度机构的负责人组成。要给予调度部门和调度人员应有的权利,以便进行有效的管理工作。

f. 调度工作要抓重点、抓关键、抓动态、抓计划的执行和控制。

(3)交工验收。

工程验收交工是最终完成建筑装饰装修产品即竣工工程交付使用的目的,而检查验收则是手段。如果承建的建筑装饰装修产品达到合同要求,经验收后即可交付使用并宣告任务完成,也就可以解除建筑装饰装修施工企业对承包合同所承担的义务以及对工程发包单位所承担的经济和法律责任。

①交工验收的依据。工程交工验收的依据主要包括下列文件和资料：

a. 上级主管部门的有关工程建设的文件。

b. 建设单位和建筑装饰装修企业签订的工程承包合同。

c. 设计文件、施工图纸和设备技术说明书。

d. 国家现行的施工技术验收规范。

e. 建筑装饰装修工程设计变更通知，预检、隐检、中检的验收鉴证资料等。

②验收的标准。被验收的工程应达到下列标准要求：

a. 工程项目按照工程合同的规定和设计图纸的要求已全部施工完毕，达到国家规定的质量标准，能够满足使用要求。

b. 设备调试、运转达到设计要求。

c. 交工工程做到窗明、地净、水通、灯亮及采暖通风设备运转正常。

d. 建筑物外围以外 2 m 以内的场地全部清理完毕。

e. 技术档案资料齐全，竣工结算已经完毕。

③交工验收的准备工作。

a. 做好工程收尾工作。在主要工程任务完成以后，需要清查遗留项目和工程量，编制工程收尾计划，组织好收尾工作，尽量缩短工程收尾期。

b. 准备竣工验收资料和文件。竣工工程验收资料是工程技术档案的重要组成部分，建设单位将依此对工程进行合理使用、管理与维修等。同时，它也是办理工程结算不可缺少的依据。施工企业向建设单位提供的资料包括：

· 交工工程项目一览表。

· 图纸会审记录。

· 竣工图纸和隐蔽工程验收单。

· 工程质量事故发生及处理记录单。

· 材料、半成品试验和检验记录。

· 材料、构配件及设备的质量合格证。

· 设备安装施工、调试及检验记录。

· 施工单位和设计单位提供的建筑物使用注意事项，上级部门对该工程的有关技术决定。

· 工程决算资料、文件和鉴证。

· 其他资料。如经批准的计划任务书及有关文件，建设单位和施工单位鉴证的工程合同等作为交工验收资料提出。

c. 工程预验收。该工作应由施工单位进行。通过预验收，初步鉴定工程质量，补做遗漏项目，返修不合格项目，从而保证交工验收能够顺利进行。

④交工验收工作。

a. 双方及有关部门的检查和鉴定。建设单位在收到施工企业提交的交工资料以后，应组织人员会同交工单位、质检单位和其他建设管理部门，根据施工图纸、施工验收规范及质量评定标准，共同对工程进行全面检查和鉴定，并进行质量评分，测评出本工程项目的质量等级。

b. 工程交接。经检查鉴定合乎要求以后，合同双方即可签订交接验收证书，逐项办理固定资产移交,并且根据承包合同的规定办理工程结算手续。除了注明的承担保修的内容以外,双方的经济关系和法律责任即可解除。

2.5.3　装饰装修工程项目安全管理

2.5.3.1　装饰装修工程项目安全管理的特点

1.安全管理的难点多

由于建筑装饰装修施工的场地狭窄,空间受限,交叉作业多,机具设备多,用电作业多,易燃物多,所以安全事故引发点多,隐患多,安全管理的难点必然大量存在。

2.安全管理的劳保责任重

这是因为建筑装饰装修施工是劳动密集型工作,手工作业多,施工作业时粉尘、噪声、毒气污染等危害性大。因此,要通过加强劳动保护来创造安全施工的条件。

3.处于企业安全管理的大环境中

装饰装修工程项目的安全管理处在建筑装饰装修施工企业安全管理的大环境之中。它由安全组织系统、安全法规系统和安全技术系统三个分系统组成。安全组织系统是建筑装饰装修施工企业内部的安全部门和安全管理人员;安全法规系统是指建筑装饰装修施工企业必须执行国家、行业、地方政府制定的安全法规,还必须制定企业自身的安全管理制度;安全技术系统按照操作对象、工种、机械的特点进行专业分类,如施工电气安全技术、脚手架安全技术、工业卫生安全技术、防火安全技术等。

4.施工现场是安全管理的重点

这是因为施工现场人员集中、物资集中,作业场所的事故一般都发生在现场。

2.5.3.2　装饰装修工程项目安全管理的基本原则

安全管理是建筑装饰装修施工企业生产管理的重要组成部分,是一门综合性的系统科学。安全管理的对象是生产中一切人、物、环境的状态管理和控制,安全管理是一种动态管理。

建筑装饰装修施工现场的安全管理,主要是组织实施企业安全管理规划,并进行指导、检查和决策,同时施工现场的安全管理又是保证生产处于最佳安全状态的根本环节。施工现场安全管理的内容大致可归纳为四个方面,即安全组织管理、场地与设施管理、行为控制和安全技术管理,它们分别对生产中的人、物、环境的行为和状态进行具体的管理和控制。为了能够有效地控制生产因素的状态,在实施安全管理的过程中,必须正确处理五种关系,坚持六项基本管理原则。

1.正确处理五种关系

(1)安全与危险并存。

安全与危险在同一事物的运动中是相互对立的,二者相互依赖而存在。因为有危险,才要进行安全管理来防止危险。安全与危险并非是等量并存、平静相处的。随着事物的运动变化,安全与危险每时每刻都在变化着,进行着此消彼长的斗争。事物的状态最终会向斗争的胜方倾斜。可见,在事物的运动中并不存在绝对的安全或绝对的危险。

保持生产的安全状态,必须采取多种措施,以预防为主,危险因素是完全可以控制的。由于危险因素是客观地存在于事物运动之中,所以自然是可知、可控的。

(2)安全与生产的统一。

生产是人类社会存在和发展的基础。如果生产中的人、物、环境都处于危险状态,那么生产就无法顺利进行。因此,安全是生产的客观要求,当生产完全停止,安全也就失去了意义。就生产的目的性而言,组织好安全生产就是对国家、对人民和社会最大的负责。

生产有了安全保障,才能够持续、稳定地发展下去。如果生产活动中事故层出不穷,那么生产势必将会陷入混乱之中,甚至瘫痪。当生产与安全发生矛盾、危及职工生命或国家财产时,将生产活动停下来进行整治,消除危险因素以后,生产形势才会变得更好。"安全第一"的提法,绝不是要把安全摆到生产之上,而忽视安全自然是一种严重的错误。

(3)安全与质量的包含。

从广义上来看,质量包含着安全工作质量,安全概念也内涵着质量,它们之间相互作用,互为因果,安全第一,质量第一,两个第一并不矛盾。安全第一是从保护生产因素的角度提出的,而质量第一则是从关心产品成果的角度来强调的。安全为质量服务,质量需要安全作为保证。生产过程丢掉哪一头,都要陷于失控状态。

(4)安全与速度互保。

生产的蛮干、乱干,在侥幸中求得的快,缺乏真实与可靠。一旦酿成不幸,非但无速度可言,反而会延误时间。

速度应以安全作为保障,安全就是速度,我们应追求安全加速度,竭力避免安全减速度,安全与速度之间成正比例关系,一味地强调速度而置安全于不顾的做法,是极其有害的,当速度与安全之间发生矛盾时,暂时减缓速度,保证安全才是正确的做法。

(5)安全与效益的兼顾。

安全技术措施的实施,定会改善劳动条件,调动职工的积极性,焕发劳动热情,带来经济效益,足以使原来的投入得以补偿。从这个意义上来说,安全与效益完全是一致的,安全促进了效益的增长。

在建筑装饰装修施工安全管理中,投入要适度、适当。要精打细算,统筹安排。既要保证安全生产,又要经济合理,同时还要考虑力所能及。单纯为了省钱而忽视安全生产,或单纯追求不惜资金的盲目高标准,都是不可取的。

2.坚持安全管理六项基本原则

(1)管生产同时管安全。

安全寓于生产之中,并对生产发挥着促进与保证的作用。因此,安全与生产之间虽然有时会出现矛盾,但从安全管理和生产管理的目标、目的来看,它们之间表现出高度的一致和完全的统一。

安全管理是生产管理的重要组成部分,安全与生产在实施过程中,二者存在着密切的联系,并且存在着进行共同管理的基础。

管生产的同时管安全,不仅项目经理要明确安全管理责任,同时项目经理部的相关机构、人员也应明确业务范围内的安全管理责任,都必须参与安全管理并在管理中承担责任,认为安全管理只是安全部门的事,是一种片面、错误的认识。

(2)坚持安全管理的目的性。

安全管理的内容是对建筑装饰装修施工过程中的人、物、环境因素状态的管理,有效地控制人的不安全行为和物的不安全状态,从而消除或避免事故,达到保护劳动者的安全与健康的目的。

没有明确目的的安全管理是一种盲目行为。盲目的安全管理,充其量只能算作花架子,不仅劳民伤财,而且危险因素依然存在。在一定意义上,盲目的安全管理只能纵容威胁人的安全和健康的状态,向更为严重的方向发展或转化。

(3)必须贯彻预防为主的方针。

安全生产的方针是"安全第一,预防为主"。安全第一是从保护生产力的角度和高度出发,表明在生产范围内,安全与生产的关系,肯定安全在生产活动中的地位和重要性。

进行安全管理并不是等事故发生以后才去处理事故,而是在生产活动中,针对生产的特点,对生产因素采取管理措施,有效地控制不安全因素的发展与扩大,将可能发生的事故消灭在萌芽状态,以保证生产活动中人的安全与健康。

贯彻预防为主,首先要端正对生产中不安全因素的认识,还要端正消除不安全因素的态度,并且选准消除不安全因素的时机。在安排与布置生产内容时,针对施工生产中可能出现的危险因素,采取措施予以消除是最佳的选择。在建筑装饰装修施工过程中,要经常检查,及时发现不安全因素,采取措施,明确责任,尽快地、坚决地予以消除,这是安全管理应持有的鲜明态度。

(4)坚持"四全"动态管理。

安全管理不仅是安全机构和少数人的事,而应是一切与施工有关的人共同的事。缺乏全员的参与,安全管理就不会有生气,也不会出现好的管理效果。当然,这并不是否定安全管理第一责任人和安全机构的作用。生产组织者在安全管理中的作用固然重要,全员性参与管理也是十分重要的。

安全管理涉及生产活动的各个方面,涉及装饰装修工程从开工到竣工的全部生产过程,涉及全部的生产时间,涉及一切变化着的生产因素。因此,生产活动中必须坚持全员、全过程、全方位、全天候的动态安全管理。

只抓住一时一事、一点一滴、简单草率、一阵风式的安全管理,是走过场,是形式主义,不应得到提倡。

(5)安全管理重在控制。

进行安全管理的目的就是为了预防和消灭事故。防止或消除事故伤害,保护劳动者的安全与健康,在安全管理的四项主要内容中,虽然都是为了达到安全管理的目的,但是对于生产因素状态的控制,与安全管理目的关系更直接,显得更为突出。因此,对生产中人的不安全行为和物的不安全状态的控制,必须看做是动态安全管理的重点。事故的发生,是由于人的不安全行为运动轨迹与物的不安全状态运动轨迹的交叉,从事故发生的原理来看,这同时也说明了应把对生产因素状态的控制作为安全管理的重点,而不能把约束作为安全管理的重点,因为约束缺乏带有强制性的手段。

(6)在管理中发展、提高。

既然安全管理是在变化着的生产活动中的管理,是一种动态。那么,安全管理就意味着是不断发展、变化的,以适应变化的生产活动,消除新的危险因素。然而更为需要的是不间断的摸索新的规律,总结管理、控制的办法与经验,指导新的变化后的管理,从而使安全管理不断的上升至新的高度。

2.5.3.3　装饰装修工程项目安全管理的措施

安全管理是为装饰装修工程项目实现安全生产而开展的管理活动。建筑装饰装修施工现场的安全管理,重点在于进行人的不安全行为和物的不安全状态的控制,落实安全管理的决策与目标,以消除一切事故、避免事故伤害、减少事故损失为管理目的。

控制是对某种具体因素的约束和限制,是管理范围内的重要部分。

装饰装修工程项目的安全管理措施是安全管理的方法与手段,管理的重点是对生产中各因素状态的约束与控制。根据建筑装饰装修施工生产的特点,安全管理措施要带有鲜明的行业特色。

1.落实安全责任、实施责任管理

装饰装修工程项目经理部承担控制、管理施工生产进度、成本、质量、安全等目标的责任。因此,必须同时承担进行安全管理、实现安全生产的责任。

(1)建立、完善以项目经理为首的安全生产领导组织,有组织、有领导地开展安全管理活动,承担组织、领导安全生产的责任。

(2)建立项目经理部各级人员安全生产责任制度,明确各级人员的安全责任,抓制度落实、抓责任落实,定期检查安全责任落实情况。

①项目经理是施工项目安全管理的第一责任人。

②项目经理部的职能部门、人员,在各自的业务范围内,对实现安全生产的要求负责。

③全员承担安全生产责任,建立安全生产责任制,从经理到工人的生产系统应做到纵向到底,一环不漏。各职能部门、人员的安全生产责任要做到横向到边,人人负责。

(3)装饰装修工程项目应通过监察部门的安全生产资质审查,并得到认可。

一切从事建筑装饰装修施工管理与操作的人员应根据其从事的生产内容,分别通过企业、施工项目的安全审查,并取得安全操作许可证,持证上岗。

特种作业人员,除了要经过企业的安全审查之外,还需按照规定参加安全操作考核,取得监察部门核发的《安全操作合格证》,坚持"持证上岗"。建筑装饰装修施工现场出现特种作业无证操作现象时,项目经理必须承担管理责任。

(4)装饰装修工程项目经理部负责在施工生产中对物的状态进行审验与认可,承担物的状态漏验与失控的管理责任,并承担由此而造成的经济损失。

(5)一切管理、操作人员均需与施工项目经理部签订安全协议,向施工项目经理部做出安全保证。

(6)安全生产责任落实情况的检查,应有认真、详细的记录,作为分配、奖惩的原始资料之一。

2.安全教育与训练

进行安全教育与训练,能够增强人的安全生产意识,掌握安全生产知识,有效地防止人的不安全行为,减少人的失误。安全教育、训练是进行人的行为控制的重要方法和手段。因此,进行安全教育、训练要适时、宜人、内容合理、方式多样、形成制度。组织安全教育、训练要做到严肃、严格、严密、严谨、讲求实效。

(1)管理、操作人员应具备安全的基本条件与素质。

①具有合法的劳动手续。临时性人员需要正式签订劳动合同,接受入场教育以后,才可进入施工现场和上岗。

②没有痴呆、健忘、精神失常、脑外伤后遗症、心血管疾病、晕眩,以及不适于从事操作的疾病。

③没有感官缺陷,感性良好。并且具有良好的接受、处理、反馈信息的能力。

④具有适于不同层次操作所必需的文化知识。

⑤输入的劳务人员,必须具有基本的安全操作素质。经过正规的训练和考核,输入手续完善。

(2)安全教育、训练的目的与方式。

安全教育、训练包括知识、技能、意识三个阶段的教育。进行安全教育、训练,不仅要使操作者掌握安全生产知识,而且还要在作业过程中,能够正确、认真地表现出安全的行为;安全知识教育,应使操作者了解和掌握生产操作过程中潜在的危险因素及防范措施;安全技能训练,要使操作者逐渐掌握安全生产技能,并且获得完善化、自动化的行为方式,减少操作中的失误现象;安全意识教育,在于激励操作者自觉地坚持实行安全技能。

(3)安全教育的内容随实际需要而定。

①新工人入场前应完成三级安全教育。对于学徒工、实习生的入场安全教育,重点应偏重于一般安全知识、生产组织原则、生产环境、生产纪律等,强调操作的非独立性。而对于季节工、农民工的三级安全教育,则要以生产组织原则、环境、纪律、操作标准为主。两个月内不能熟练掌握安全技能的工人,应及时解除劳动合同,废止其劳动资格。

②结合施工生产的变化,适时进行安全知识教育。一般每 10 d 组织一次较为合适。

③结合生产组织安全技能训练,干什么就要训练什么,反复训练、分步验收。以达到出现完善化、自动化的行为方式,划为一个训练阶段。

④安全意识教育的内容不易确定,应随着安全生产的形势而变化,确定阶段教育内容。可结合发生的事故,进行增强安全意识,坚定掌握安全知识与技能的信心,接受事故教训的教育。

当施工受季节、自然变化的影响时,要针对由于这种变化而出现生产环境、作业条件的变化来进行教育,其目的在于增强安全意识,控制人的行为,尽快地适应变化,减少人的失误。

在建筑装饰装修施工中采用新技术,使用新设备、新材料,推行新工艺之前,应对有关人员进行安全知识、技能、意识的全面安全教育,激励操作者实行安全技能的自觉性。

(4)加强教育管理,增强安全教育的效果。

①教育内容既要全面,又要突出重点,系统性强,抓住关键反复教育。

②通过反复实践,养成自觉采用安全的操作方法的习惯。

③使每个受教育的人,了解自己的学习成果。鼓励受教育者树立坚持安全操作方法的信心,养成安全操作的良好习惯。

④告诉受教育者怎样做才能保证安全,而不是不应该做什么。

⑤通过奖励来促进、巩固学习成果。

(5)安全教育内容需清晰记录。

进行各种形式和不同内容的安全教育时,均应把教育的时间、内容等,清楚的记录在安全教育记录本或记录卡上。

3. 安全检查

安全检查是发现不安全行为和不安全状态的重要途径。同时,也是消除事故隐患,落实整改措施,防止事故伤害,改善劳动条件的重要方法。

安全检查的形式有普遍检查、专业检查、季节性检查和突击性检查。

（1）安全检查的内容。

安全检查主要是查思想、查管理、查制度、查现场、查隐患、查事故处理。

①装饰装修工程项目的安全检查以自检形式为主，是对项目经理部至操作人员，生产的全部过程、各个方位的全面安全状况的检查。检查的重点主要是劳动条件、生产设备、现场管理、安全卫生设施以及生产人员的行为等。发现危及人的安全因素时，必须果断地消除。

②各级生产组织者应在全面安全检查中，透过作业环境的状态和隐患，对照安全生产的方针、政策，检查对安全生产认识的差距。

③对安全管理的检查，内容主要是：安全生产是否提到议事日程上来，各级安全责任人是否坚持"安全第一，预防为主"的原则；项目经理部的职能部门、人员是否在各自业务范围内，落实了安全生产责任，专职安全人员是否在位、在岗；安全教育是否得到了落实，教育是否到位。

此外，还要检查工程技术、安全技术是否结合成为统一整体；作业标准化的实施情况；安全控制措施是否有力，控制是否到位，有哪些改善管理的措施；事故处理是否符合规则等。

（2）安全检查的组织。

①建立安全检查制度，按照制度要求的规模、时间、原则、处理等全面落实。

②成立以第一责任人为首，业务部门、人员参加的安全检查组织。

③安全检查必须做到有计划、有目的、有准备、有整改、有总结、有处理。

（3）安全检查的准备。

①思想准备。发动全员开展自检，并将自检与制度检查结合，形成自检自改，边检边改的局面。使全员在发现危险因素方面得到提高，在消除危险因素中受到教育，从安全检查中得到锻炼。

②业务准备。确定安全检查的目的、步骤和方法。成立检查组，安排检查日程。分析事故资料，确定检查重点，把精力侧重于事故多发部位和工种的检查。

规范检查记录用表，使安全检查逐步纳入到科学化、规范化的轨道中去。

（4）安全检查方法。

常用的安全检查方法有一般检查方法和安全检查表法。

①一般检查方法，常采用看、听、嗅、问、查、测、验、析等方法。

a.看。看现场环境和作业条件，看实物和实际操作，看记录和资料等。

b.听。听汇报，听反映、介绍，听意见或批评，听机械设备的运转响声或承重物所发出的异常声音等。

c.嗅。对挥发物、腐蚀物、有毒气体进行辨别。

d.问。对影响安全的问题，详细询问，寻根究底。

e.查。查明问题、查对数据、查清原因、追查责任。

f.测。测量、测试、监测。

g.验。进行必要的试验或化验。

h.析。分析安全事故的隐患和原因。

②安全检查表法。这是一种原始的、初步的定性分析方法，它通过事先拟定的安全检查明细表或清单，对安全生产进行初步的诊断和控制。

安全检查表通常包括检查项目、内容、回答问题、存在问题、改进措施、检查措施、检查人和检查日期等内容。

（5）安全检查的形式。

①定期安全检查。是指列入安全管理活动计划，有固定周期的安全检查。定期安全检查的周期，施工项目的自检宜控制在 10～15 d。班组必须坚持日检。季节性、专业性安全检查，按照规定要求确定日程。

②突击性安全检查。无固定检查周期，对特别部门、特殊设备、小区域的安全抽查，属于突击性安全检查。

③特殊检查。对采用新技术、新工艺、新材料的建筑装饰装修项目，在投入使用之前，以"发现"危险因素为专题的安全检查，称为特殊安全检查。特殊安全检查还包括对有特殊安全要求的手持电动工具、电气、照明设备、通风设备、有毒有害物的储运设备进行的安全检查。

（6）消除危险因素的关键。

安全检查的目的在于发现、处理、消除危险因素，避免事故伤害，实现安全生产。消除危险因素的关键环节是认真整改，真正的、确确实实的把危险因素消除掉。对于一些由于各种原因而一时不能消除的危险因素，应进行逐项分析，寻求解决办法，安排整改计划，尽快予以消除。

安全检查后的整改，必须坚持"三定"和"不推不拖"的原则，不使危险因素长期存在而危及人的安全。"三定"是指：定整改责任人，定解决与改正的具体措施，限定消除危险因素的整改时间。三定有利于及时消除检查发现的危险因素。在解决具体的危险因素时，凡是借用自己的力量能够解决的，绝不推诿、不拖拉、不等不靠，坚决的组织整改；自己解决有困难时，应积极主动寻找解决的办法，争取获得外界支援以尽快整改。不把整改的责任推给上级，也不拖延整改时间，以尽快的速度，把危险因素消除掉。

4.作业标准化。

在操作者产生的不安全行为中，大部分是由于不知道正确的操作方法，或为了图快而省略了必要的操作步骤，或坚持自己的操作习惯等原因造成的。用科学的作业标准来规范人的行为，有利于控制人的不安全行为，减少人的失误。

（1）制定作业标准，是实施作业标准化的首要条件。

①采取技术人员、管理人员、操作人员三结合的方式，根据操作的具体条件制定作业标准，坚持反复实践、反复修订后加以确定的原则。

②作业标准要明确规定操作程序和步骤，对于操作方法、操作的质量标准、操作的阶段目的、完成操作后物的状态等，都要做出具体的规定。

③尽量使操作简单化、专业化，尽可能减少更换工具或夹具的次数，以降低对操作者熟练技能或注意力的要求。使作业标准尽可能减轻操作者的精神负担。

④作业标准必须符合生产和作业环境的实际情况，不能把作业标准通用化。不同作业条件的作业标准应有所区别。

（2）作业标准必须考虑到人的身体运动特点和规律，考虑到作业场地的布置，使用的工具设备和操作幅度等，应符合人体工程学的要求。

①人的身体在运动时应尽量避开不自然的姿势和避免重心的经常移动，动作要有连贯性、自然节奏强。例如，不要出现运动方向的急剧变化；动作应不受限制；尽量减少用手和用眼的操作次数；肢体动作尽量幅度小。

②作业场地布置必须考虑行进道路、照明、通风的合理分配,机、料具位置相对固定,使操作方便。具体要求如下:

a. 使用人力移动物体时,尽量限于水平移动。

b. 使用机械的操作部分,应安排在正常操作范围之内,防止增加操作者的精神和体力负担。

c. 尽量利用重力作用移动物体。

d. 操作台、座椅的高度应与操作要求、人的身体条件相匹配。

③使用工具与设备。

a. 尽量使用专用工具代替徒手操作。

b. 操纵操作杆或把手时,尽量使人的身体不产生过大的移动幅度,与手的接触面积要以适合手握时的自然状态为宜。

(3)反复训练,达标报偿。

①训练要讲求方法和程序,宜以讲解示范为先,并且符合重点突出、交代透彻的要求。

②边训练边作业,巡检纠正偏向。

③先达标、先评价、先报偿,不强求一致。多次纠正偏向,仍不能克服习惯操作或操作不标准的,应得到负报偿。

5. 生产技术与安全技术的统一

生产技术工作是通过完善生产工艺过程、完备生产设备、规范工艺操作、发挥技术的作用来保证生产的顺利进行。它包含了安全技术在保证生产顺利进行中的全部职能和作用。二者的实施目标虽然各有侧重,但工作目的却完全统一在保证生产顺利进行、实现效益这一共同的基准点上。生产技术与安全技术的统一,体现了安全生产责任制的落实,具体的落实"管生产同时管安全"的管理原则。具体表现在以下三个方面:

(1)建筑装饰装修施工进行之前,应考虑建筑装饰装修产品的特点、规模、质量、生产环境、自然条件等。并且要摸清生产人员的流动规律,能源的供给状况,机械设备的配置条件,需要的临时设施规模,以及物料供应、储放、运输等条件。完成生产因素的合理匹配计算,完成科学的施工设计和合理的现场布置。

施工设计和现场布置,经过审查、批准,即成为建筑装饰装修施工现场中生产因素流动与动态控制的唯一依据。

(2)在建筑装饰装修施工进行之前,应针对工程具体情况与生产因素的流动特点,完成作业或操作方案。为使操作人员充分理解方案的全部内容,以减少实际操作中的失误,避免操作时的事故伤害,要把方案的设计思想、内容和要求,向作业人员进行充分的交底。

交底既是安全知识教育的过程,同时也确定了安全技能训练的时机和目标。

(3)从控制人的不安全行为、物的不安全状态以及预防伤害事故三个方面,来保证生产工艺过程能够顺利实施。

①进行安全知识、安全技能的教育,规范人的行为,使操作者获得完善的、自动化的操作行为,减少操作中人的失误。

②通过安全检查和事故调查,充分了解生产过程中,物的不安全状态所存在的环节和部位、发生与发展、危害的性质与程度。摸索控制物的不安全状态的规律和方法,进而提高对物的不安全状态的控制能力。

③把好设备、设施用前验收关,不让有危险状态的设备、设施盲目投入运行,预防人、机运动轨迹因交叉而发生伤害事故。

6. 正确对待事故的调查与处理

事故是人们不希望发生,但又违背人们意愿而发生的事件。一旦发生了事故,不能以违背人们意愿为理由,予以否定。关键在于对事故的发生要有正确的认识,并用严肃、认真、科学、积极的态度,处理好已经发生的事故,尽量减少损失;同时采取有效措施,避免同类事故重复发生。

(1)发生事故以后,要以严肃、科学的态度去认识事故,实事求是地按照规定的要求向有关部门报告。不隐瞒、不虚报、不避重就轻,是对待事故科学、严肃态度的表现。

(2)积极抢救负伤人员,同时还要保护好事故现场,以利于调查清楚事故的原因,从事故中找到生产因素控制的差距。

(3)分析事故,弄清事故发生的过程,找出造成事故的人、物、环境状态方面的原因。分清造成事故的安全责任,总结生产因素管理方面的教训。

(4)以事故为例,召开事故分析会议进行安全教育。使所有生产部位的操作人员,从事故中看到危害,激励他们的安全生产动机。从而使其在操作中能够自觉地实行安全行为,主动的消除物的不安全状态。

(5)采取预防类似事故重复发生的措施,并组织彻底的整改;使采取的预防措施,完全落实。经过验收,证明危险因素已完全排除时,才能恢复施工作业。

(6)未造成伤害的事故,习惯上称为未遂事故。未遂事故就是已发生的违背人们意愿的事件,只是未造成人员伤害或经济损失。然而其危险后果是隐藏在人们心理上的严重创伤,它的影响时间也许更为长久。

未遂事故同样也暴露出安全管理的缺陷和生产因素状态控制的薄弱。因此,未遂事故要如同已经发生的事故一样对待,并要调查、分析、处理妥当。

2.5.3.4　现场安全管理的意义与任务

(1)现场安全管理,主要包括安全施工和劳动保护两个方面。安全生产是企业组织生产活动和安全工作的指导方针,要确立"生产必须安全,安全促进生产"的辩证思想。劳动保护的作用是保护劳动者在生产中的安全和健康。

(2)安全管理是保证安全施工和劳动管理的措施,安全施工是关系到职工的生命安全和国家财产不受损失,关系到经济建设的大事;贯彻"安全第一"和"预防为主"的方针,保护劳动者的安全与健康,是我国的根本国策。

(3)安全管理的任务就是要想尽一切办法找出施工中的不安全因素,并采用技术上和管理上的措施来消除这些不安全的因素,做到预防为主,防患于未然,保证施工的顺利进行,保证职工的安全与健康。

2.5.3.5　建立和执行现场安全管理制度

严格安全施工,执行劳动保护,贯彻执行一系列安全保护方面的有关责任、计划、教育、检查、处理等规章制度,是进行安全管理的重要条件。这些制度主要包括:

(1)安全施工责任制。

(2)安全技术措施计划制度。

(3)安全施工教育制度。

（4）安全施工检查制度。

（5）伤亡事故的调查和处理制度。

（6）防护用品及食品安全管理制度。

（7）建立安全值班制度。

2.5.3.6　加强现场安全技术工作

现场安全施工的要求主要包括预防高处坠落、物体打击、起重吊装事故以及用电安全、冬雨季施工安全、现场防火等多个方面。

1. 预防高处坠落的措施与要求

凡在距离坠落高度基准面 2 m 及 2 m 以上进行施工作业,都称为高处作业。高处作业分为四个等级:2～5 m 为一级,5～15 m 为二级,15～30 m 为三级,30 m 以上为特级。

高处作业的安全防护措施如下:

（1）高处作业人员需要定期进行体检。

（2）正确使用安全带、安全帽及安全网。

（3）按照规定搭设脚手架,设置防护栏和挡脚板,不准有探头板。

（4）凡施工人员可能从中坠落的各种洞口（如楼梯口、电梯口、预留洞、坑井等）,均要采取有效的安全防护措施。

2. 预防物体打击的措施与要求

物体打击是建筑工地常见的多发事故之一,如坠落物砸伤,物体搬运时的砸伤或挤伤等。施工时应注意以下事项:

（1）进入施工现场的人员必须戴好安全帽。

（2）禁止从高处或楼内向下抛物料,随时清理高处作业范围内的杂物,以免碰落伤人。

（3）施工现场要设置固定的进楼通道和出入口,并要搭长度不小于 3 m 的护头棚。

（4）吊运物料要严格遵守起重操作规定,使用装有脱钩装置的吊钩或长环。

（5）人工搬运材料、构配件时,要集中精神,互相配合,搬运大型物料,要有专人指挥,停放要平稳。

3. 起重吊装安全技术措施与要求

（1）起重机械设备要定期进行维修保养,严禁带故障作业。对卷扬机等垂直运输设备要装设超高限位器,严禁使用只靠抱闸定位的卷扬机。吊钩、长环、钢丝绳等均须经过严格的检查。

（2）操作时要按照操作规程进行,坚持"十个不准吊"原则,如在信号不清、吊物下方有人、吊物超负荷、捆扎不牢、六级以上大风等情况下不准吊。

（3）起重机不得在架空输电线下面工作。在其一侧工作时,起重臂与架空输电线之间的水平距离不得小于:1 kV 以下线路为 1.5 m,1～20 kV 线路为 2 m,3.5～110 kV 线路为 4 m。

（4）在一个施工现场内,如果有多台起重机同时作业时,两个大臂（起重臂）的高度或水平距离要保持不小于 5 m。

（5）土法吊装（如人字扒杆或三脚架）等起重装置要具有足够的稳定性,严把技术设备工具的质量关,严格施工组织。

4. 施工用电安全措施与要求

（1）如果工程的工期超过半年,施工现场的供电工程均应按照正式的供用电工程安装和运行,执行供电局的有关规定。

(2)施工现场内一般不得架设裸线,架空线路与施工建筑物之间的水平距离一般不得小于 10 m,与地面的垂直距离不得少于 6 m,跨越建筑物时与其顶部的垂直距离不得少于 2.5 m。在高压线下方 10 m 范围之内,不准停放材料、构配件等,不准搭设临时设施,不准停放机械设备,严禁在高压线下方从事起重吊装作业。

(3)各种电气设备均应有接零或接地保护,严禁在同一系统中将接零和接地两种保护混用。

(4)每台电气设备均应有单独的开关及熔断保险,严禁一闸多机。

(5)配电箱操作面的操作部位不得有带电体明露,箱内的各种开关、熔断器,其定额容量必须与被控制的用电设备容量相匹配。

(6)移动式电气设备、手持电动工具及临时照明线,均需在配电箱内装设防漏电保护器。

(7)照明线路应按照标准架设,不准采用一根火线一根地线的做法,不准借用保护接地作照明零线,不准擅自指派无电工上岗证的人员乱动电气设备及电动机械。

(8)电焊、气焊作业中的安全技术,要切实注意防弧光、防烟尘、防触电、防短路、防爆。氧气瓶、乙炔瓶要保持一定的距离,与明火应保持 10 m 以上,附近禁止吸烟。

5. 施工现场防火

(1)施工现场必须认真执行《中华人民共和国消防条例》和公安部关于建筑工地防火的基本措施,现场应划出用火作业区,严密防火制度,消除火灾隐患。

(2)现场材料堆放及易燃品的防火要求有:

①木材垛之间要保持一定的距离,材料废料要及时清除。

②临时工棚设置处要有灭火器及蓄水池、蓄水桶。

③工棚防火间距。城区不少于 5 m,农村不少于 7 m;距离易燃仓库、用火生产区不少于 30 m;锅炉房、厨房及明火设施均应设在工棚的下风方向。

2.5.3.7　施工现场发生工伤事故的处理

当施工现场发生人身伤亡、重大机械事故或火灾火险时,基层施工人员要保持头脑冷静,及时向上级报告,并积极组织抢救,保护现场,排除险情,防止事故的进一步扩大。

按照国家《工人职员伤亡事故报告规程》和当地政府的有关规定,根据事故的轻重大小分别由各级领导查清事故的原因与责任,提出处理意见、制定防范措施。

现场发生火灾时,要立即组织义务消防人员进行抢救,并立即向消防部门报告,提供火情,并且提供电器、易燃易爆物的情况及位置。

2.5.4　案例分析

【背景材料】

某 28 层办公大楼,建筑高度 84 m,总建筑面积 57 000 m²,占地 27 000 m²,全现浇钢筋混凝土结构。现进行外墙饰面砖粘贴,脚手架采用外爬架外挂密目安全网。2012 年 6 月 12 日,某工人在 22 层清洁局部污染的外墙面砖时,站在已预先固定在外墙上的空调支托架(成品件)上,因空调支托架倾覆,该工人直接掉到地上,当场死亡。

【问题】

(1)请简要分析事故发生的原因。

（2）建筑施工中伤亡事故的主要类别有哪些？

（3）建筑安全管理体系有哪些要求？

（4）脚手架工程交底与验收的程序是什么？

【参考答案】

（1）这起伤亡事故发生的主要原因有以下几点：

①工人违规室外高空作业未系安全带。

②空调支托架不应站人。

③空调支托架固定不牢固。

④未按照有关规定分别在首层、中间层等层次支挂水平安全网。

（2）伤亡事故的类型主要有：高空坠落、物体打击、触电事故、机械伤害、坍塌事故等。

（3）建立安全体系的要求有：管理职责、安全管理体系、采购控制、分包单位控制、施工过程控制、安全检查、检验和标识、事故隐患控制、纠正和预防措施、安全教育和培训、内部审核、安全记录。

（4）脚手架工程交底与验收应按照以下程序进行：

①脚手架搭设之前，应按照施工方案要求，结合施工现场作业条件和队伍情况，进行详细的交底。

②脚手架搭设完毕以后，应由施工方负责人组织有关人员参加，按照施工方案和规范规定，分段进行逐项检查和验收，确认符合要求后，方可投入使用。

③经检查验收，凡不符合规定的应立即进行整改，对检查结果及整改情况，应按照实测数据进行记录，并由检测人员签字。

3 装饰装修施工项目经理

3.1 项目经理在工程项目中的地位与任务

1. 项目经理在工程项目中的地位

施工项目经理是在整个施工项目任务完成过程中的最高责任者和组织管理者,是施工项目的管理中心,它在整个施工活动中占有举足轻重的地位,明确施工项目经理的地位是搞好建筑装饰装修施工项目管理的关键。

项目经理在工程项目中的地位可从以下五个方面进行理解:

(1)施工项目经理是建筑装饰装修施工企业法定代表人在施工项目上的全权委托代理人。他代表企业全面负责和管理该工程项目。

(2)施工项目经理在工程项目中居于中心和枢纽的地位,是协调各方面之间的关系,使之相互紧密协作、配合的桥梁和纽带。因此,项目经理要有凝聚力,并对建筑装饰装修施工项目管理目标的实现承担着全部责任。

(3)施工项目经理对施工项目的实施进行控制,是各种信息的集散中心。

(4)施工项目经理是施工项目责、权、利的主体,责任是构成项目经理的工作压力,权力是确保项目经理能够承担责任和条件的手段,利益是项目经理的工作动力。项目经理处于没有退路的地位,所以必须勤思考、勤开会、勤检查,直接参与实践。

(5)施工项目经理对上级管理部门而言,处于被管理者的地位。

2. 项目经理在工程项目中的任务

项目经理在工程项目中的任务十分繁琐复杂,归纳起来主要分为以下几个方面:

(1)用好人,即搭好领导班子。项目经理所领导的项目部宁可艰于择人,也不可轻用而不信;对下级必须责、权、利清楚;所制定的计划必须有专人负责落实,以计划牵动各部门工作;项目部的人员不在多而在精,要强调优势互补、团队精神,充分发挥每个人的特长,最大限度地调动每个人的积极性;应做到有令则行,有禁则止,政令畅通,逐层落实;还必须奖罚分明,恩威并施,宽严相济,"爱兵如子"。

(2)理好财,即做好成本核算工作。包括做好两算(施工图预算与施工预算)对比;做好工料分析;做好工料计划,保证材料的及时供应以减少积压;做好采购工作,尽量货比三家,力求质优价廉;做好限额领料工作,减少浪费,降低成本;管好仓库,不小看低值易耗品;合理调配资金,要有经营头脑;抓紧物料周转,节约场地租金,提高效率;设备、工具是租赁还是自购要善于经营决策;要及时将技术洽商转换成经济洽商,请甲方签字认可,并建立台账,每月随报表向监理计量;要定期检查进度完成情况与资金使用情况的比例是否失调,并做成本核算的累计工作,做到心中有数;最后在工程竣工以后及时结算和回款。

(3)管好物,即搞好物料管理。做好料场的规划和合理使用;物料码放的管理,既做到文明施工又能避免损失;抓好料具的使用保管;做好成品保护;防火、防盗。

（4）交好活，即不出质量问题，进度不要无理由的滞后，以优质工程交予甲方和监理验收。

（5）安全不出事故，效益不能赔钱。

（6）制定岗位责任制和奖罚办法。

（7）做好结算工作。

（8）做好客户回访工作，总结经验教训。

（9）继续开发工程。

3.2　项目经理承包责任制和项目经理责任制

1. 施工项目经理承包责任制

随着装饰装修工程项目管理的不断深化，企业已经初步形成了"两线一点"的承包经营体系，一是由于施工企业的工程任务是经过招标竞争而得到的，施工企业和建设单位签订施工合同的各项条款要求最终通过各方面经济活动转移到以项目为中心的管理上来；二是施工企业为确保各项经济技术指标能够顺利完成，也要通过项目承包目标而分解到项目上来。这就迫使建筑装饰装修施工企业必须建立和完善以项目承包为基点的全员承包管理机制。因此，项目承包既是施工企业完成各项经济技术指标要求的落脚点，又是项目经理负责制的重要内容。通过强化建立项目经理全面组织生产要素优化配置的责任、权力、利益和风险机制，对装饰装修施工项目的工期、质量、成本、安全等各项目标实施强有力的管理。

（1）施工项目经理承包责任制的概念。

施工项目经理承包责任制是指在装饰装修工程项目施工过程中用来确立项目承包者与企业、职工三者之间责、权、利关系的管理手段和方法。它是以施工项目为对象，以项目经理负责为前提，以施工图预算为依据，以创优质工程为目标，以承包合同为纽带，以求得最终的建筑装饰装修产品的最佳经济效益为目的，实行从建筑装饰装修施工项目开工到竣工验收、交付使用的一次性全过程承包经营管理。

（2）施工项目经理承包责任制的特点。

①对象终一性。它是以施工项目为对象，实行建筑装饰装修产品形成全过程的一次性全额承包。

②主体直接性。它是在项目管理责任制的前提下实行的一种"经理负责、全员管理、集体承包、风险抵押、单独核算、自负盈亏"的经济责任制，它突出了项目经理个人在承包中的主要责任。

③内容全面性。施工项目承包是按照先进、合理、实用、可行的原则，在不超过承包费用的范围内"确保上缴"，以保证提高工程质量、缩短工期、降低成本，并实现经济利益为内容的多项复合型技术经济指标全额全过程的承包。

④责任风险性。施工项目承包充分体现了"指标突出，责任明确，利益直接，考核严格"的基本要求。承包的最终结果与项目经理部的职工，尤其是与项目经理的行政晋升和奖罚等个人利益直接挂钩，既负盈也负亏。

（3）施工项目经理承包制的作用。

①有利于进一步明确项目经理与企业和职工三者之间的责、权、利、效关系，彻底打破

"大锅饭"的局面。

②有利于运用承包合同等经济手段,强化项目管理的法制意识。

③有利于促进和提高企业项目管理的经济效益和社会效益,不断解放和发展生产力。

(4)施工项目经理承包制的原则。

①实事求是的原则。施工项目经理承包指标的确定是承包制的重要内容。企业应力求从施工项目管理的实际情况出发,做到"三性三不"。一是先进性,不搞"保险承包",在指标的确定上,应以承包者经过发奋努力才能实现的先进水平作为标准,应避免"不费力,无风险,隐收入"的承包现象;二是合理性,不搞"一刀切",不同的装饰装修工程类型和不同的施工条件,宜采取不同的经济技术指标承包,不同的职能人员应实行不同的岗位责任制,力求做到大家在同一起跑线上,平等竞争,减少人为的承包分配不公的现象;三是可行性,不搞形式,对于不可抗力而导致项目合同难以实施的,应及时进行调整,使每个承包者既感到风险压力,又能对承包必胜充满信念,建立包、保、核一体化的承包制,避免"包而不实"或"以包代保"、"以包代管"等现象发生。

②企业、承包者和职工三者之间利益兼顾的原则。在施工项目经理承包责任中,企业、承包者和职工三者之间的根本利益是一致的。由于企业肩负的双重职能,一方面施工项目承包制应把企业利益放在首要地位;另一方面也应维护承包者和职工的正当利益,特别是在确定个人收入指标基数时,要切实贯彻按劳分配,多劳多得的原则。

③责、权、利、效统一的原则。这是施工项目经理承包制的一项基本原则,除了责、权、利以外,还必须把效益放在重要地位,责、权、利的结合应围绕最终的效益来运行。

2.施工项目经理责任制

(1)施工项目经理的职责。

项目经理在工程项目管理过程中,履行下列职责:

①贯彻执行国家和装饰装修工程所在地的有关法律、法规和政策,严格执行企业的各项管理制度。

②严格财经制度,加强财经管理,正确处理国家、企业和个人三者之间的利益关系。

③执行项目承包合同中由项目经理履行的各项条款。

④对装饰装修工程项目进行有效控制,执行有关技术规范、标准,积极推广应用新技术、新工艺、新材料,确保装饰装修工程的质量和工期,努力提高经济效益。

(2)施工项目经理的权限。

为了履行项目经理的职责,必须赋予项目经理一定的权限,这些权限一般由建筑装饰装修施工企业法人代表授予,并用制度或合同具体确定下来。施工项目经理的权限如下:

①用人决策权。包括项目管理机构班子的设置,选择聘请有关人员,对项目经理部班子成员任职考核、监督和奖惩。

②财务决策权。根据建筑装饰装修施工需要和施工进度安排,对固定资产购置,流动资金周转,项目管理班子内合理的经济分配等做出决策。

③施工进度计划控制权。根据装饰装修工程项目进度总目标和阶段性目标的要求,对施工项目的进度进行检查调整,并在资源上进行调配,从而对建筑装饰装修施工进度计划实行有效的控制。

④技术、质量决策权。项目经理有权批准重大技术方案和重大技术措施,并主持召开技

术方案论证会,把好技术决策关和质量关,防止技术决策失误,主持处理重大质量事故。

⑤设备物资采购决策权。对采购方案、目标、到货质量检查验收要求以及对供货单位的选择、资金支付等问题做出决策。

(3)施工项目经理的利益。

施工项目经理的利益可以分为物质利益(包括工资、奖金、岗位津贴)和精神利益(包括升级、表扬及给予某种荣誉)两大类。

3.3　施工项目经理的条件、素质和选择

1.项目经理应具备的条件

(1)不同资质等级的项目经理应具有相应的学历或相应的文化程度要求。

(2)要有在施工企业连续工作三年以上的经历。

(3)对工作认真负责,具有良好的职业道德。

(4)要有广博的专业技术知识和较高的综合文化素养。

(5)知人善任,善于团结大多数人一道工作。

2.施工项目经理应具备的素质

(1)坚持原则,知识渊博,视野广阔,具有本专业技术知识。工作有序,忙而不乱。

(2)要有较强的法律意识和政策观念,具备一定的法律、法规知识和执行政策的能力,有实际工作经验,并能主动承担责任。

(3)勇于开拓,具有较强的思维能力、成熟而客观的判断能力,并且具有较强的应变能力和心理承受能力。临变不惊,遇事不慌。

(4)具有较强的综合经营管理能力、组织领导和知人善任的才能。平易近人,善解人意。

(5)诚实可靠与言行一致,答应的事一定做到。待人接物,谦虚谨慎。

(6)机警、精力充沛,随时都准备着处理各种可能发生的事情。脚踏实地,吃苦耐劳。

3.施工项目经理的选择

选择施工项目经理应坚持三个基本原则:一是选择的方式必须有利于选聘适合施工项目管理的人担任项目经理;二是产生的程序必须经过资质审查;三是决定人选必须按照“党委把关,经理聘任”。

根据我国目前的情况来看,选择施工项目经理的方式主要有以下三种:

(1)竞争招聘制。招聘的范围可面向社会,但要本着先内后外的原则。其程序是:个人自荐→组织审查→答辩讲演→择优选聘。采用这种方式既可选优,又可增强项目经理的竞争意识和责任心。

(2)经理委任制。委任的范围一般仅限于施工企业内部的在职干部。其程序是:经理提名→组织人事部门考察→党政联席办公会议决定。

(3)内部协调,基层推荐制。施工项目经理一经任命产生以后,其身份就是建筑装饰装修施工企业法定代表人在施工项目上的全权委托代理人,他将直接对施工企业法人负责,与企业法人存在着双重关系。一是上下级关系,在行政隶属关系上要绝对服从法人的领导;二是工程承包中利益平等的经济合同关系,双方经过协商,签订《施工项目经营承包合同》,项目经理每年按照项目年度分解指标向施工企业交纳一定比例的风险责任抵押金。

4 装饰装修工程成本分析

4.1 装饰装修工程费用

4.1.1 装饰装修工程费用的构成和特点

1.装饰装修工程费用的构成

装饰装修工程的费用按照国家现行规定,由直接费用、间接费用、利润、其他费用和税金五部分构成,每个部分又包括许多内容。各省、市、自治区可以根据国家主管部门规定的费用构成和取费标准,结合地方具体情况,对装饰装修工程费用予以补充和调整。例如,某省装饰装修工程费用由直接费用、间接费用、利润、其他费用及税金五部分构成,其具体内容见表4.1。为了与一般土建单位工程中的普通装饰装修工程(以下简称"土建装饰装修工程")进行对比,现将土建装饰装修工程的费用构成同时列出,见表4.2。

表 4.1 装饰装修工程费用构成

项目	费用构成	
直接费	定额直接费	定额人工费
		定额材料费
		定额机械费
		定额综合费
	其他直接费	冬期施工增加费
		雨季施工增加费等五项费用
		预算包干费
间接费	施工管理费	
	临时设施费	
	劳动保险基金	
利润		
其他费用	远地工程增加费	
	异地施工补贴费	
	定额内流动资金贷款利息	
	房产税、土地使用税	
	公有房产集中供暖费	
	材料预算价格与市场价差	
	地区差价	
税金		

表 4.2　土建装饰装修工程费用构成

项目	费用构成	
直接费	定额直接费	定额人工费
		定额材料费
		定额机械费
	其他直接费	冬期施工增加费
		二次搬运费
		城市运输干扰费
		雨季施工增加费等六项费用
间接费	施工管理费	
	临时设施费	
	劳动保险基金	
利润		
其他费用	远地工程增加费	
	异地施工补贴费	
	定额内流动资金贷款利息	
	房产税、土地使用税	
	公有房产集中供暖费	
	材料预算价格与市场价差	
	地区差价	
税金		

2. 装饰装修工程费用的特点

将上述两表进行对比可以看出,装饰装修工程的费用与一般土建装饰装修工程费用的构成非常相似,但由于装饰装修工程的施工与一般土建装饰装修工程的施工相比有许多特殊性,因此装饰装修工程的费用也有其特点。

(1)预算定额基价构成不同。

有些地区的装饰装修工程预算定额基价中,除了含有人工费、材料费和机械使用费以外,还包含一项综合费用,而土建装饰装修工程预算定额基价中不含有此项费用。

(2)费用构成不同。

土建装饰装修工程中计取的二次搬运费、城市运输干扰费及夜间施工增加费,在装饰装修工程费用中均不计取。

(3)其他直接费和间接费的计算基础不同。

在土建工程中,不同单位工程的各分部工程,其直接费用相差较大,但综合成为单位工程时,各单位工程的直接费则是比较稳定的,各种差别相互抵消。因此,土建工程以直接费或定额直接费作为其他费用的计算基础。

土建装饰装修工程作为土建工程中的一个分部工程,其取费基础与土建工程相同,费用包含在土建费用之中。但是,在装饰装修工程中,各种材料的价值很高,价差也很大,直接费数量受材料价格影响大,很不稳定,但其中的人工费的数量则是比较稳定的。因此,装饰装修工程以定额人工费作为其他费用的计算基础。例如,装饰装修工程费用中的其他直接费、施工管理费、计划利润等,均是以定额人工费作为基础进行计算的。

4.1.2　装饰装修工程各项费用的组成

1. 直接费

直接费是指装饰装修工程施工中直接消耗于工程实体上的人工、材料、机械使用等费用的总称。直接费由人工费、材料费、机械使用费和其他直接费构成。

装饰装修工程直接费一般根据施工图、装饰装修工程预算定额基价或地区单位估价表,按照装饰装修工程分项工程进行计算。将各分项工程的定额直接费汇总,再加上其他直接费,即为装饰装修工程的直接费,可用下式表示:

$$直接费 = \sum (预算定额基价 \times 分项工程工程量) + 其他直接费$$

(1)人工费。

人工费是指从事装饰装修工程施工的人工(包括现场运输等辅助人工)和附属施工工人的基本工资、附加工资、工资性津贴、辅助工资和劳动保护费。应注意,人工费不包括材料保管、采购、运输人员、机械操作人员、施工管理人员的工资。这些人员的工资,应分别计入其他有关的费用当中。

人工费的计算公式如下:

$$人工费 = \sum (预算定额基价人工费 \times 分项工程工程量)$$

(2)材料费。

材料费是指完成装饰装修工程所消耗的材料、零件、成品和半成品的费用,以及周转性材料的摊销费。

材料费的计算公式如下:

$$材料费 = \sum (预算定额基价材料费 \times 分项工程工程量)$$

(3)施工机械使用费。

装饰装修工程施工机械使用费是指装饰装修工程施工中所使用的各种机械费用的总称。但应注意,它不包括施工管理和实行独立核算的加工厂所需要的各种机械的费用。

施工机械使用费的计算公式如下:

$$施工机械使用费 = \sum (预算定额基价机械费 \times 分项工程工程量)$$

此外,还必须指出,有些地区的装饰装修工程预算定额基价中,规定了一项综合费用。其内容包括建筑物在七层(高度 22.5 m)以内的材料垂直运输和高度在 3.6 m 以内的脚手架,按照通常施工方法考虑了材料水平运输、通讯设施、卫生设施等的费用。

(4)其他直接费。

其他直接费是指装饰装修工程定额直接费中没有包括的,而在实际施工中所发生的具有直接费性质的费用。其中包括冬季施工增加费、雨季施工增加费等五项费用及预算包干费等。这些费用,通常按照各地区的规定进行计算。

①冬季施工增加费。是指为进行冬季施工所增加的直接费。它包括材料费、燃料费、人工费、保温设施及建筑物门窗洞口封闭费等。但应注意,它不包括特殊工程必须采取暖棚法而增加的费用和混凝土现场进行的蒸汽养护费用,以及室内施工的取暖费。装饰装修工程

冬季施工增加费以定额人工费为计算基础,其计算公式如下:

冬季施工增加费 = 冬季施工期实际完成的定额直接费中的人工费 × 冬季施工增加费费率

②雨季施工增加费。是指在雨季施工所增加的直接费。它包括防雨措施、排除雨水、工效降低等费用。

装饰装修工程雨季施工增加费以定额人工费为计算基础,其计算公式如下:

雨季施工增加费 = 定额人工费 × 雨季施工增加费率

③流动施工补贴费。由于装饰装修工程施工一般都是流动作业,没有固定的且比较正规的就餐条件和地点,职工就餐费用较高,因此,设立此项费用作为职工的生活补贴。

流动施工补贴费的计算公式如下:

流动施工补贴费 = 定额人工费 × 流动施工补贴费费率

④施工工具用具使用费。是指施工所需但不属于固定资产的施工工具,检验、试验用具等的购置、摊销和维修费,以及支付给工人自备工具的补贴费。

装饰装修工程施工工具用具使用费的计算公式如下:

工具用具使用费 = 定额人工费 × 施工工具用具使用费费率

⑤检验试验费。该项费用是对装饰装修材料、构件和装饰装修施工物品进行一般鉴定、检查的费用。其内容包括自设试验室进行试验所耗用的材料和化学药品费用,以及技术革新和研究试验费。但应注意,它不包括新结构、新材料的试验费;建设单位要求对具有出厂合格证明的材料抽样检验的费用;对构件进行破坏性试验及其他特殊要求检验试验的费用。

检验试验费的计算公式如下:

检验试验费 = 定额人工费 × 检验试验费费率

⑥工程定位复测、工程点交、场地清理费。通常又称为"三项费用",其计算公式如下:

三项费用 = 定额人工费 × 三项费用取费率

⑦预算包干费。是指预算定额中没有包括,而在工程实际施工中可能发生的各项费用。其内容包括:装饰装修工程施工和土建、设备安装交叉作业的影响;特殊装饰装修工程对工人的保护、保健;对冬季施工工程采取的保护措施,以及在除冬季施工以外的时间因气候变化而增加的费用;建筑吊车、运输车行驶道路;因电力不足而发生周期性停水、停电,每周累计不超过 8 h;由于建设单位的原因,材料、施工图等供应不上而影响施工,在 1 个月内累计不超过 3 d。

在实际施工中,可能会发生上述项目,也可能会发生上述项目以外的内容。原则上,预算包干费及其计算内容,应以双方签订的工程承包合同为准。包干系数经过双方协商以后,报请当地造价管理部门批准。装饰装修工程预算包干费,通常以定额人工费为计算基础,取费率为 3% ~ 9% 。为了防止重复取费,对以工程决算替代预算的工程、实报实销的工程和执行预算加施工签证的工程,均不计取预算包干费。

必须强调的是,土建装饰装修工程其他直接费的计算,均与土建工程相同,即以定额直接费为计算基础。

另外,在工程施工中如果发生下列费用,则应按照实际计算:

①设计变更费。

②由于设计或建设单位的原因而造成的返工损失费用。

③因工程停建、缓建造成的损失费用。

④因不可抗拒的自然灾害造成的损失费用。

⑤不可预见的地下障碍物的拆除与处理费用。

2. 间接费

装饰装修工程间接费,是指装饰装修工程施工企业为组织和管理装饰装修工程施工所需要的各种费用,以及为企业职工施工生活服务所需支出的一切费用。它不直接地作用于装饰装修工程的实体,也不属于某一分部分项工程,只能间接地分摊到各个装饰装修工程的费用当中。装饰装修工程间接费,包括施工管理费、临时设施费和劳动保险基金。

(1)施工管理费。

施工管理费是指施工企业为组织和管理装饰装修工程施工所需的各种费用。施工管理费的内容繁多,可以归纳为非施工性费用、为施工服务的费用、为工人服务的费用和其他管理费等几个方面。其具体内容如下:

①工作人员工资。是指施工企业的行政、技术管理人员、警卫消防、炊事服务人员以及管理部门司机等的基本工资、辅助工资和工资性质的补贴。它不包括材料采购、保管人员、由职工福利基金开支的管理人员以及工会经费和营业外开支人员的工资。

②工作人员工资附加费。是指按照国家规定计算的支付给工作人员的职工福利基金和工会经费。

③工作人员劳动保护费。是指按照国家有关部门规定的标准发放的劳动保护用具的购置费、修理费和保健费、防暑降温费等。

④职工教育经费。是指按照国家的有关规定,在工资总额 1.5% 的范围之内掌握开支的在职职工的教育经费和书刊费补贴。

⑤办公费。是指行政管理办公用的文具、纸张、帐表、印刷、邮电、书报、会议、水电、烧水和集体取暖(包括现场临时宿舍取暖)用煤等的费用。

⑥差旅交通费。是指职工因公出差,调动工作的差旅费、住勤补助费,市内交通费和工作人员误餐补助费,职工探亲路费,劳动力招募费,职工退休、离休、退职一次性路费,工作人员就医费,工地转移费,以及行政管理部门使用的交通工具的油料、燃料、养路费、车船牌照税等。

⑦固定资产使用费。是指行政管理部门和试验部门所使用的固定资产(如房屋、设备、仪器等)的折旧基金、大修理基金、维修、租赁费等。

⑧行政工具用具使用费。是指行政管理所使用的、不属于固定资产的工具、器具、家具、交通工具和检验、试验、测绘、消防用具等的购置、维修和摊销费。

⑨上级管理费。是指装饰装修工程施工企业按照国家的规定向上级主管部门交纳的管理费用。

⑩工程造价管理费。是指按照规定计取的定额、预算编制管理的费用。

⑪其他费用。是指除上述项目以外的其他必要的费用支出,包括定额测定、支付劳动部门临时工的管理费、合同签(公)证费、市内卫生费、印花税等费用。

⑫施工管理费的计算。装饰装修工程施工管理费的计算公式如下:

装饰装修工程施工管理费 = 定额人工费 × 施工管理费费率

(2)临时设施费。

临时设施费是指因建筑施工需要而搭设的生产和生活用的各种设施的费用。临时设施通常包括临时宿舍、文化福利及公用事业房屋,以及仓库、办公室、加工厂,施工现场规定范围内的临时道路、管线等设施。

临时设施费的计算公式如下:

装饰装修工程临时设施费 = 定额人工费 × 临时设施费费率

(3)劳动保险基金。

劳动保险基金是指国有施工企业福利基金以外的,由劳动保险条例规定的离退休职工的退休金和医药费,6 个月以上的病假工资及按照上述职工工资提取的职工福利基金。对于不实行劳动保险待遇的企业,不计取此项费用。如果该项费用实行了社会统筹,则应按照当地有关部门的规定计取。

劳动保险基金的计算公式如下:

装饰装修工程劳动保险基金 = 定额人工费 × 劳动保险基金费率

3. 利润

在装饰装修工程费用中扣除装饰装修成本之后的余额就称为盈利。成本包括直接费、间接费及其他费用;盈利包括利润和税金。成本是物质消耗的支出和劳动者为自己劳动所创造价值的货币体现;而盈利则是装饰装修企业职工为社会劳动所创造的价值在装饰装修工程造价中的体现。

所谓利润,就是指装饰装修工程施工企业按照国家规定的计划利润或法定利润率计取的利润(此处不包括企业因降低成本等而得到的经营利润)。这项费用不但可以增加施工企业的收入,改善职工的福利待遇和技术设备,调动施工企业广大职工的积极性,而且还可以增加社会总产值和国民收入。

按照国家规定,自 1989 年起,为了实行招标投标承包制,将国营施工企业原有的法定利润改为计划利润,其实质与施工管理费、临时设施费相同,允许施工企业在投标报价时向下浮动,以利于建筑市场的竞争,而对于集体施工企业,国家规定应按照法定利润率计取利润。

装饰装修工程利润以定额人工费作为计算基础,即实行工资利润率。其计算公式如下:

计划利润 = 定额人工费 × 计划利润率

法定利润 = 定额人工费 × 法定利润率

4. 税金

税收是国家财政收入的主要来源。与其他收入相比,税收具有强制性、固定性和无偿性等特点。通常装饰装修工程施工企业也要同其他企业一样,按照国家的规定缴纳税金。

装饰装修工程税金是指国家按照法律规定,向装饰装修工程施工企业或个体经营者征收的财政收入。按照装饰装修工程施工的技术经济特点,装饰装修工程施工企业应向国家缴纳六种税金,包括:营业税、城市建设维护税、房产税、土地使用税、教育费附加税和所得税。其中,前五种属于转嫁税,应列入装饰装修工程费用中;后一种属于利润所得分配税,应从施工企业所得收入中支付。上述某些税金项目如果在前面的费用中已经列支,那么在缴纳税金时就不再列入。例如,某省规定装饰装修工程费用中的税金由营业税、城市建设维护税、教育费附加税三部分构成(房产税、土地使用税已计入其他费用中)。在实际计算和征收税金时,为简便计算,上述三种税金之和以不含税装饰装修工程造价减去直接列入工程造价中的专用基金的差额作为计税基础,其计算公式如下:

税金额 = (不含税工程造价 - 直接列入工程造价中的专用基金) × 税率

上式中,不含税造价是指现行的工程预算造价(包括材料价差及利息等);直接列入工程造价中的专用基金是指临时设施费、劳动保险基金和施工机构迁移费;税率应按照纳税的装饰装修工程施工企业所在的地点不同而分别确定。例如,某省规定:纳税企业所在地为市区时,税率为 3.38%;所在地为县镇时,税率为 3.31%;所在地不为市区、县镇时,税率为3.19%。

5.其他费用

其他费用是指装饰装修工程施工中实际发生的,上述费用中均未包括的支出费用。按照国家规定,其他费用可根据各地方的实际情况予以确定。一般包括远地工程施工增加费、异地施工补贴费、材料预算价格与市场价格的差价、地区差价等。其他费用不得作为其他直接费和间接费的计算基础。

(1)远地工程增加费。

远地工程增加费是指施工企业派出施工力量离开施工企业基地 25 km 以外或离开城市到远郊区,以及偏僻地区承担施工任务所需增加的费用。该项费用通常包括施工力量调遣费、管理费、临时设施费等。但对于施工地点离企业基地不超过 25 km,以通勤为主的,则不计取此项费用(另计取异地工程施工补贴费)。

装饰装修工程远地工程增加费可按照以下规定计取:

①施工力量调遣费和管理费。包括:调遣职工的往返差旅费,调遣期间的工资,施工机具、设备和周转性材料的运杂费,以及在施工期间因公、因病、探亲、换季而往返于施工地点与原驻地之间的差旅费和职工在施工现场食宿而增加的水电费、采暖费和主副食运输费等。例如,某省规定:施工力量调遣费和管理费,以定额人工费为计算基础,离驻地 25 km 以上,100 km 以内者,按照定额人工费的 22% 计取;超过 100 km 的,每增加 50 km,增加费率 3%;超过 500 km 的不再增加取费率。

②增加的临时设施费。该项费用按照定额人工费增加一定的费率进行计算。例如,某省规定:按定额人工费增加 11% 进行计算。

(2)异地施工补贴费。

异地施工补贴费在各省、市、自治区均有相应的规定,在此不再赘述。

(3)材料预算价格与市场价格的差价。

材料预算价格与市场价格的差价是指预算定额中规定的材料预算价格与当前市场材料价格之间的差值。由于材料的价格每年均有上下浮动,必然会造成同种类、同规格、同质量的材料预算价格与市场价格之间的差异。这部分材料价格差值要计入工程费用中,由建设单位承担。在计算这部分费用时,承发包双方应参照市场价格或材料价格调整系数,商定包干或按照公布的最高限价进行调整,并将调整额在合同中注明。

(4)地区差价。

装饰装修工程预算定额一般是以省、市、自治区政府所在城市的建安工人工资标准、材料、机械台班价格等为标准编制的。但由于同一省内不同城市或地区的工人其工资标准、材料价格、机械台班价格标准是不同的,所以就产生了地区差价。该部分差额,应按照当地工程造价主管部门规定的工人工资标准、材料价格及机械台班价格标准,编制地区单位估价表或按照有关规定进行调整。

除了上述各项其他费用以外,有的省、市、自治区还考虑了定额流动资金贷款利息,房产、土地使用费,公有房产集中供暖费等几项其他费用,在编制装饰装修工程预算时,应当按照本地区工程造价主管部门的有关规定进行增减,以利于客观地反映装饰装修工程预算造价。

4.1.3　装饰装修工程费用的计算程序

装饰装修工程费用的计算程序,见表4.3。

表4.3　装饰装修工程费用的计算程序(包工包料)

代号	费用名称	计算公式	备注
1	直接费	(1) + (2)	
(1)	定额直接费	按照预算定额项目计算的直接费之和	
①	其中:定额人工费	按照预算定额项目计算的人工费之和	
(2)	其他直接费	② + ③ + ④	
②	冬季施工增加费	冬季施工实际完成量中定额人工费 × 15%	
③	雨季施工增加费等五项费用	① × 24%	此项费用包干使用
④	预算包干费	① × (9% ~ 18%)	较复杂、特殊工程18% ~ 30%
2	间接费	(3) + (4) + (5)	
(3)	施工管理费	① × 68%	
(4)	临时设施费	① × 8%	
(5)	劳动保险基金	① × 9%	已统筹的按照省市规定计算
3	计划利润	① × 38%	集体14%
4	其他费用	(6) + (7) + (8) + (9) + (10) + (11) + (12)	均不计取其他直接费和间接费
(6)	远地施工增加费	⑤ + ⑥	
⑤	其中:施工力量调遣费及管理费	① × (22% ~ 46%)	
⑥	临时设施费	① × 11%	
(7)	异地施工补贴费	定额工日数 × 1.3 × 1.5元/人	按照合同执行
(8)	定额内流动资金贷款利息		
(9)	房产税、土地使用税		
(10)	公用房产集中供暖费	按照各省市规定执行	
(11)	材料预算价格与市场价差		
(12)	地区差价		
5	税金	[1 + (3) + 3 + 4 - ⑥] × 3.38%	3.31%、3.19%
6	合计	1 + 2 + 3 + 4 + 5	

据表所知,构成装饰装修工程费用的五种费用之间存在着密切的内在联系。其中,前者

是后者的计算基础。因此,费用计算必须按照一定的程序进行,避免漏项或重项,做到计算清晰、结果准确。另外,由于各地区的情况不同,取费的项目、内容可能会发生变化,而且费用的归类也可能会不同,如寒冷地区应计取的冬季施工增加费在南方则不计取;有的地区列入其他费用的项目在另外地区又可能被列入间接费或其他直接费中。因此,在进行费用计算时,要按照当地当时的费用项目构成、费用计算方法、取费标准等,遵照一定的程序计算。

4.2 装饰装修工程成本核算

施工成本分析是指根据会计核算、业务核算和统计核算所提供的资料,对施工成本的形成过程和影响成本升降的因素进行分析,以寻求进一步降低成本的途径;另一方面,通过成本分析可以从账簿、报表反映的成本现象中看清成本的实质,从而增强项目成本的透明度和可控性,为加强成本控制、实现项目成本目标创造了有利条件。

1. 施工成本核算的对象

成本核算的对象是指在计算工程成本中确定的归集和分配生产费用的具体对象,即生产费用承担的客体。确定成本核算对象是设立工程成本明细分类账户、归集和分配生产费用以及正确计算工程成本的前提。

成本核算对象主要根据企业生产的特点和成本管理上的要求来确定。

成本核算对象的划分方法一般有以下几种:

(1)一个单位工程由几个施工单位共同施工时,各施工单位均应以同一单位工程作为成本核算对象,各自核算自行完成的部分。

(2)规模大、工期长的单位工程,可以将工程划分为若干个部位,以分部位的工程作为成本核算对象。

(3)同一建设项目应由同一施工单位施工,并在同一施工地点,属于同一建设项目的各个单位工程合并作为一个成本核算对象。

(4)改建、扩建的零星工程,可根据实际情况和管理需要,以一个单项工程作为成本核算对象,或将同一施工地点的若干个工程量较少的单项工程合并作为一个成本核算对象。

2. 施工成本核算的基本要求

(1)项目经理部应根据财务制度和会计制度的有关规定,建立施工成本核算制度,明确施工成本核算的原则、范围、程序、方法、内容、责任及要求,并设置核算台账,记录原始数据。

(2)项目经理部应按照规定的时间间隔进行施工成本核算。

(3)施工成本核算应坚持三同步的原则。项目经济核算的"三同步"是指统计核算、业务核算、和会计核算三者同步进行。

①会计核算。会计核算主要是价值核算。会计核算通过资产、负债、所有者权益、收入、费用和利润等六个会计要素来核算。会计记录具有连续性、系统性、综合性等特点,因此它是施工成本分析的重要依据。

②业务核算。业务核算是各业务部门根据业务工作的需要而建立的核算制度,它包括原始记录和计算登记表两项内容。业务核算的范围比会计、统计核算要广,会计和统计核算一般是对已经发生的经济活动进行核算,而业务核算不仅可以对已经发生的,而且还可以对尚未发生或正在发生的经济活动进行核算,看是否可以做,是否有经济效果。业务核算的特

点是对个别的经济业务进行单项核算。其目的在于迅速取得资料,在经济活动中及时采取措施加以调整。

③统计核算。统计核算是利用会计核算资料和业务核算资料,把企业生产经营活动客观现状的大量数据,按照统计方法进行系统整理,以表明其规律性。统计核算的计量尺度比会计要宽,可以用货币计算,也可以用实物或劳动量计量。其通过全面调查和抽样调查等特有的方法,不仅能够提供绝对数指标,还能够提供相对数和平均数指标,可以计算当前的实际水平,确定变动速度,还可以预测发展的趋势。

(4)建立以单位工程为对象的项目生产成本核算体系,因为单位工程是施工企业的最终产品(成品),所以可独立考核。

(5)项目经理部应编制定期成本报告。

3.建筑装饰装修工程施工成本会计的账表

项目经理部应根据会计制度的要求,设立核算必要的账户,进行规范的核算。首先应建立三本账,再由三本账编制施工成本的会计报表——四表。

(1)三账。

三账包括工程施工账、其他直接费账和施工间接费账。

①工程施工账。用于核算工程项目进行建筑安装工程施工所发生的各项费用支出,是以组成工程施工成本的成本项目设专栏记载的。工程施工账按照成本核算对象核算的要求,又分为单位工程成本明细账和工程施工成本明细账。

②其他直接费账。先以其他直接费费用项目设专栏记载,月终再分配计入受益单位工程的成本。

③施工间接费账。用于核算项目经理部为组织和管理施工生产活动所发生的各项费用支出,以项目经理部位单位设账,按照间接成本费用项目设专栏记载,月终再按照一定的分配标准计入受益单位工程成本。

(2)四表。

四表包括在建工程成本明细表、竣工工程成本明细表、施工间接费表和工程施工成本表。

①在建工程成本明细表。要求分单位工程列示,以组成单位工程成本项目的三本账汇总形成报表,要求账表相符,按月填表。

②竣工工程成本明细表。要求在竣工点交之后,以单位工程列示,实际成本账表应相符,按月填表。

③施工间接费表。要求按照核算对象的间接成本费用项目列示,账表应相符,按月填报。

④工程施工成本表。该报表属于工程施工成本的综合汇总表,表中除了按照成本项目列示以外,还增加了工程成本合计、工程结算成本合计、分建成本、工程结算其他收入和工程结算成本总计等项。工程施工成本表综合了前三个报表,汇总反映了施工成本。

4.工程成本的收集

(1)费用核算的基础工作及各部门的费用管理职责。

①成本核算的基础工作。应建立健全成本核算的原始记录管理制度、计量验收制度、财产、物资的管理与清查盘点制度、内部价格制度及内部稽核制度。

②各部门的费用管理职责。

a.计划(经营)统计部门。编制预算及内部结算单价,按照成本核算对象确认当期已完工程的实物工程量和未完工程的情况,编制工程价款结算单,及时与业主和分包单位进行结算。

　　b.劳动工资部门。制定项目用工记录、统计制度,收集班组用工日报表,建立项目用工台账,编制职工考勤统计表、单位工程用工统计表。

　　c.物资管理部门。做好计划采购工作,建立材料采购比价制度,按照经济批量进行采购,降低存货总成本;建立健全材料收、发、领、退制度,做好修旧利废工作,耗料需注明工程项目或费用项目;加强机械设备的调度平衡和检修维护,提高设备完好率和利用率,提供机械设备运输记录和机械费用的分配资料。

　　d.财务部门。该部门是成本核算的中心,全面组织成本核算,掌握成本开支范围,参与制定内部承包方案并对其执行情况进行考核,开展成本预测,进行成本分析。

　　(2)费用核算与分配。

　　工程费用核算是指将工程施工过程中所发生的各项费用,根据有关资料,通过一定的科目进行汇总,然后再直接或分配计入有关的成本核算对象,以计算出各个工程项目的实际费用。

　　费用核算的总原则是:能够分清受益对象的直接计入,分不清的需按照一定标准分配计入。各项费用的核算方法如下:

　　①人工费的核算。劳动工资部门根据考勤表、施工任务书和承包结算书等,每月向财务部门提供“单位工程用工汇总表”,财务部门根据此表编制“工资分配表”,按照受益对象计入成本和费用。

　　采用计件工资制度的,费用一般能够分清为哪个工程项目所发生的;采用计时工资制度的,计入成本的工资应按照当月工资总额和工人总的出勤工日计算的日平均工资及各工程当月实际用工数计算分配;工资附加费可以采用比例分配法;劳动保护费的分配方法与工资相同。

　　②材料费的核算。应根据发出材料的用途,划分工程耗用与其他耗用的界限,只有直接用于工程所耗用的材料才能计入成本核算对象的“材料费”成本项目,为组织和管理工程施工所耗用的材料及各种施工机械所耗用的材料,应先分别通过“间接费用”、“机械作业”等科目进行归集,然后再分配到相应的费用项目中。

　　材料费的归集和分配可按照下列方法进行:

　　a.凡领用时能够点清数量、分清用料对象的,应在领料单上注明成本核算对象的名称,财会部门据以直接汇总计入成本核算对象的“材料费”项目。

　　b.领用时虽然能够点清数量,但属于集中配料或统一下料的,则应在领料单上注明“集中配料”,月末由材料部门根据配料情况,结合材料耗用定额编制“集中配料耗用计算单”,并据以分配计入各受益对象。

　　c.既不易点清数量、又难以分清成本核算对象的材料,可采取实地盘存制计算本月实际消耗量,然后再根据核算对象的实物量及材料耗用定额编制“大堆材料耗用计算单”,据以分配计入各受益对象。

　　d.周转材料、低值易耗品应按照实际领用数量和规定的摊销方法编制相应的摊销计算单,以确定各成本核算对象应摊销的费用数额。

　　③机械使用费的核算。租入机械费用一般都能够分清核算对象;而自有机械费用则应

通过"机械作业"归集并分配。其分配方法如下：

a.台班分配法。是指按照各成本核算对象使用施工机械的台班数进行分配。其适用于单机核算的情形。

b.预算分配法。是指按照实际发生的机械作业费用占预算定额规定的机械使用费的比率进行分配。其适用于不便计算台班的机械使用费。

c.作业量分配法。是指以各种机械所完成的作业量作为基础进行分配。例如,以吨千米计算分配汽车费用等。

④其他直接费的核算。其他直接费一般都能够分清受益对象,发生时直接计入成本。

⑤间接费用的核算。间接费用的分配一般分为两次,第一次是以人工费作为基础将全部费用在不同类别的工程以及对外销售之间进行分配;第二次分配是将第一次分配到各类工程成本和产品的费用再分配到本类各成本核算对象中。分配的标准是:建筑工程以直接费为标准,安装工程以人工费为标准,产品(劳务、作业)的分配以直接费或人工费为标准。

4.3 装饰装修工程成本分析

1.施工成本分析的基本方法

施工成本分析的基本方法包括比较法、因素分析法、差额计算法、比率法等。

（1）比较法。

比较法也称指标对比分析法,是指通过技术经济指标的对比,检查目标的完成情况,分析产生差异的原因,进而挖掘内部潜力的方法。这种方法具有通俗易懂、简单易行、便于掌握的特点,因此得到了广泛的应用,但是在应用时必须注意各技术经济指标的可比性。比较法的应用通常有以下三种形式:

①将实际指标与目标指标进行对比。以此检查目标的完成情况,分析影响目标完成的积极因素和消极因素,以便及时采取措施,保证成本目标能够顺利实现。在实际指标与目标指标进行对比时,还应注意目标本身有无问题。如果目标本身出现问题,则应调整目标,重新正确评价实际工作的成绩。

②将本期实际指标与上期实际指标进行对比。通过这种对比,可以看出各项技术经济指标的变动情况,从而反映了施工管理水平的提高程度。

③与本行业平均水平、先进水平进行对比。通过这种对比,可以反映出本项目的技术管理和经济管理与行业的平均水平和先进水平之间的差距,进而采取措施赶超先进水平。

（2）因素分析法。

因素分析法又称连环置换法,可用于分析各种因素对成本产生的影响程度。在进行分析时,首先要假定众多因素中的一个因素发生了变化,而其他因素则不变,然后逐个替换,分别比较其计算结果,以确定各个因素的变化对成本产生的影响程度。因素分析法应按照下列步骤进行计算:

①确定分析对象,并计算出实际与目标数之间的差异。

②确定该指标是由哪几个因素组成的,并按照其相互关系进行排序。排序规则是先实物量,后价值量;先绝对值,后相对值。

③以目标数为基础,将各因素的目标数相乘,作为分析替代的基数。

④将各个因素的实际数按照上面的排列顺序进行替换计算,并将替换后的实际数进行保留。

⑤将每次替换计算所得到的结果,与前一次的计算结果进行比较,两者之间的差异即为该因素对成本的影响程度。

⑥各个因素的影响程度之和应与分析对象的总差异相等。

(3)差额计算法。

差额计算法是因素分析法的一种简化形式,它利用各个因素的目标值与实际值之间的差额来计算其对成本的影响程度。

(4)比率法

比率法是指用两个以上的指标的比例进行分析的方法。该方法的基本特点是先把对比分析的数值变成相对数,再观察其相互之间的关系。常用的比率法有以下三种:

①相关比率法。由于项目经济活动的各个方面都是相互联系、相互依存、相互影响的,所以可将两个性质不同而又相关的指标进行对比,求出比率,并以此来考察经营成果的好坏。例如,产值和工资是两个完全不同的概念,但他们之间的关系又是投入与产出的关系。在一般情况下,都希望以最少的工资来支出完成最大的产值。因此,用产值工资率指标来考核人工费的支出水平,就很能说明问题。

②构成比率法。又称比重分析法或结构对比分析法。通过构成比率,可以考察成本总量的构成情况及各成本项目占成本总量的比重,同时也可以看出量、本、利三者之间的比例关系(即预算成本、实际成本和降低成本之间的比例关系),从而为寻求降低成本的途径指明方向。

③动态比率法。是指将同类指标不同时期的数值进行对比,求出比率,以分析该项指标的发展方向和发展速度。动态比率通常采用基期指数和环比指数两种计算方法。

2.综合成本的分析

(1)分部分项工程成本分析。

分部分项工程成本分析是施工项目成本分析的基础。分部分项工程成本分析的对象为已经完成的分部分项工程。分析方法为:进行预算成本、目标成本与实际成本的"三算"对比,分别计算实际偏差和目标偏差,分析偏差产生的原因,为今后的分部分项工程成本寻求节约途径。

分部分项工程成本分析的资料来源是:预算成本来自于投标报价成本,目标成本来自于施工预算,实际成本来自于施工任务单的实际工程量、实耗人工和限额领料单的实耗材料。

由于施工项目包括很多分部分项工程,不可能也没有必要对每一个分部分项工程都进行成本分析。尤其是一些工程量小、成本费用微不足道的零星工程。但是,对于那些主要分部分项工程就必须进行成本分析,而且还要做到从开工到竣工进行系统的成本分析。

(2)月(季)度成本分析。

月(季)度成本分析是施工项目定期的、经常性的中间成本分析。月(季)度成本分析的依据是当月(季)的成本报表。

(3)年度成本分析。

企业成本要求一年结算一次,不得将本年成本转入下一年度。而项目成本则以项目的寿命周期为结算期,要求从开工到竣工直到保修期结束进行连续计算,最后结算出成本总量及其盈亏。年度成本分析的依据是年度成本报表。

(4)竣工成本的综合分析。

单位工程竣工成本分析的内容包括：竣工成本分析；主要资源节超对比分析；主要技术节约措施及经济效果分析。

4.4　装饰装修工程成本控制

4.3.1　工程成本控制的方法

装饰装修工程项目的成本控制要在装饰装修工程项目的实施过程中，对各项费用的开支进行监督，及时纠正发生的偏差，并把各项费用支出控制在计划成本规定的范围之内，以保证成本计划能够顺利实现。成本控制的办法很多，而且具有一定的随机性，应根据不同的工程情况采用与之相适应的控制手段和控制方法。在工程实际应用中，成本控制主要可采用以下几种方法：

1. 控制成本费用支出

(1)施工图预算控制成本费用支出。在装饰装修工程项目的成本控制中，按照施工图预算，实行以收定支，是有效控制成本的方法之一。其具体做法如下：

①人工费控制。以施工图预算用工总量控制用工的数量；根据施工图预算人工费单价、管理费和其他因素来确定用工单价。项目经理部在签订劳务合同时，应将人工费单价确定标准低于对外承包合同中的人工单价的余留部分考虑用于定额外人工费和关键工序的奖励费等。

②材料费控制。装饰装修材料的价格应随行就市，材料的采购成本用其预算价格进行控制：材料消耗的数量用施工图预算分析的消耗数量来限制，通过限额领料来落实。

③构件加工费和分包工程费的控制。构件加工与工程分包均要通过经济合同来明确双方的权利和义务，签定合同时必须坚持"以施工图预算控制合同金额"的原则，不允许合同金额超过施工图预算。

(2)建立项目月度财务计划制度，以用款计划控制成本费用支出来建立项目月度财务计划制度。具体步骤如下：

①以当月计划产值作为当月财务收入计划，同时由项目各部门根据月度作业计划的具体内容编制本部门的用款计划。

②项目财务部门根据各单位的月度用款计划进行汇总、平衡和调度，同时提出具体的实施意见，经项目经理审批后执行。

③在月度财务收支计划执行的过程中，财务项目成本控制人员应对各部门的实际用款做好记录，然后及时反馈给相关部门，由各部门自行检查分析节约、超支的原因，总结经验教训，并形成书面检查报告分别送至项目经理和财务部门，以便采取针对性措施。实行项目月度财务计划制度，用款计划应由各部门根据项目实施的需要进行编制，经过财务部门的综合平衡，最后由项目经理审核批准后执行，这样可使不必要的费用开支得到严格控制，并使成本费用开支更加合理。通过项目月度财务计划制度的实施，可以实现收支同步，避免因支出大于收入而形成资金紧张的状况。

（3）建立项目成本审核签证制度，控制成本费用支出，建立以项目为中心的成本核算体系，所有的经济业务都必须由有关项目管理人员根据国家规定的成本范围、国家和地方规定的费用开支标准和财务制度以及各种经济合同进行审核，最后由项目经理签证后支付。由于项目的经济业务比较繁忙，对于不太重要的、金额小的经济业务，项目经理可以授权财务部门或业务主管部门代为处理。

2. 控制资源消耗

（1）以施工预算控制资源的消耗。在项目开工之前，应根据设计图纸计算工程量，并按照有关定额编制整个工程项目的预算，以此作为指导和管理施工的依据。对于在项目进行过程中发生的设计和施工变更，应由预算员进行统一的调整和变更。对生产班组的任务安排，必须签发施工任务单和限额领料单，并向生产班组进行技术交底。施工任务单和限额领料单的内容应与预算完全相符。在工程项目中，土产班组应根据实际完成的工程量和实际消耗的人工、材料做好原始记录，作为施工任务单和限额领料单结算的依据。任务完成以后，应根据回收的施工任务单和限额领料单进行结算，并按照结算内容支付报酬。

（2）建立资源消耗台账，实行资源消耗的中间控制。资源消耗台账是成本核算的辅助记录，其内容包括户值构成台账、预算成本台账、增减账台账、用工台账、材料消耗台账、周转材料使用台账、机具使用台账、临时设施台账、技术组织措施执行台账和质量成本台账。项目财务人员应根据资源的实际消耗情况，定期向项目经理和有关部门呈送资源情况信息表。项目经理和有关部门收到各种资源情况的信息表以后，应根据资源消耗情况，联系实际工程完成量，分析资源消耗水平和节约超支的原因，采取相应措施控制资源的消耗。

（3）坚持现场管理标准化，堵塞浪费漏洞。坚持现场管理标准化，要重点做好现场平面布置管理工作和现场安全生产管理工作。现场平面布置应根据工程的特点和场地条件，以配合施工为前提进行合理安排。现场安全生产管理就是要保护工程现场的人身安全和设备安全，堵塞一切可能产生的影响项目进行的漏洞，避免一切不必要的损失。

4.3.2 工程成本控制的依据

工程项目费用控制是指在工程项目的过程中，对影响费用的各种因素加强管理，并采取各种有效措施，将实际发生的各种消耗和支出严格控制在费用计划的范围之内，随时揭示并及时反馈，严格审查各项费用是否符合标准，计算实际费用与计划费用之间的差异并进行分析，进而采取多种措施对费用加以控制。

工程成本控制的依据包括工程项目的成本计划、进度报告、工程变更、费用管理计划。

1. 工程项目的成本计划

费用控制的目的在于实现费用计划的目标，因此费用计划就是费用控制的基础。

2. 工程项目的进度报告

进度报告提供了每一时刻工程的实际完成量、工程费用的实际支付情况等重要信息。工程费用控制工作正是通过对实际情况与工程费用计划进行比较，找出二者之间的差别，分析偏差产生的原因，从而采取措施改进以后的工作。此外，进度报告还有助于管理者及时发现工程实施中存在的隐患，并在事态还未造成重大损失之前采取有效措施，尽量避免或减小损失。

3. 工程项目的工程变更

在项目的实施过程中,由于各方面的原因,工程变更是很难避免的。工程变更一般包括设计变更、进度计划变更、施工条件变更、技术规范与标准变更、施工次序变更、工程数量变更等。一旦出现变更,工程量、工期、费用都势必会发生变化,从而使得费用控制工作变得更加复杂和困难。因此,成本管理人员必须通过对变更要求中各类数据的计算、分析,随时掌握变更的情况,包括已经发生的工程量、将要发生的工程量、工期是否拖延、支付情况等重要信息,以此判断变更以及变更可能带来的索赔额度等。

4.3.3　工程成本控制的过程

建筑装饰装修工程项目成本控制过程可分为事前控制、事中控制和事后控制三个阶段。

1. 工程成本的事前控制

工程成本事前控制主要是指工程项目开工之前,对影响成本的有关因素进行预测和成本计划。

(1)成本预测。

成本预测是指在成本发生之前,根据预计的多种变化情况,测算成本的降低幅度,确定降低成本的目标。为了确保工程项目降低成本目标的实现,要分析和研究各种可能降低成本的措施和途径,如改进施工工艺和施工组织;节约材料费用、人工费用、机械使用费;实行全面质量管理,减少和防止不合格品、废品损失和返工损失;节约管理费用,减少不必要的开支。

(2)成本计划。

进行成本计划的编制是加强成本控制的前提。要有效地控制成本,就必须充分重视成本计划的编制。成本计划是指对拟建的建筑装饰装修工程项目进行费用预算(或估算),并以此作为项目的经济分析和决策、签订合同或落实责任、安排资金的依据。通过将成本目标或成本计划进行分解,提出材料、施工机械、劳务费用、临时工程费用、管理费用等多种费用的额限,并按照限额对资金使用进行控制。一般成本计划要由工程技术部门和财务部门合作,根据签订的合同价格、工程价格单和投标报价计算书等资料进行编制并汇总。

成本计划与工程最终实际成本相比较,对于常见的项目,可行性研究时可能有 ±20% 的误差,初步设计时误差可能为 ±15%,成本预算误差可能有 ±(5%～10%)。在工程项目中,积极的成本计划不仅不局限于事先的成本估算(或报价),而且也不局限于工程的成本进度计划。积极的成本计划不是被动地按照已经确定的技术设计、合同、工期、实施方案和环境预算工程成本,而是应包括对不同的方案进行技术经济分析,从总体上考虑工期、成本、质量、实施方案等之间的相互影响和平衡,进而找到一个最优的解决方案。

在项目实施的过程中,人们做任何决策都要进行相关的费用预算,并且顾及到对成本和项目经济效益的影响。积极的成本计划目标不仅是项目建设成本的最小化,而且还必须与项目赢利的最大化统一。赢利的最大化经常是从整个项目的效益角度进行分析的。此外,积极的成本计划还体现在不仅要按照可获得的资源(资金)量安排项目规模和进度计划,而且还要按照项目预定的规模和进度计划安排资金的供应,以保证项目的顺利实施。

2. 工程成本的事中控制

建筑装饰装修工程在施工过程中,项目成本控制必须突出经济原则、全面性原则(包括全员成本控制和全过程成本控制)和责权利相结合的原则。根据施工实际情况,做好项目的进度统计、用工统计、材料消耗统计和机械台班使用统计以及各项间接费用支出的统计工作,定期编制各种费用报表,对成本的形成和费用偏离成本目标的差值进行分析,查明原因,并进行纠偏和控制。具体工作方法有以下几种:

(1)下达成本控制计划。

由成本控制部门根据成本计划拟订控制计划,并下达给各管理部门和施工现场的管理人员。

(2)确定调整计划权限。

应随同计划的下达,规定各级人员在控制计划内进行平衡调剂的权限。任何计划都不可能是尽善尽美的,因此应给管理部门在一定范围内进行调剂求得新的平衡的余地。

(3)建立成本控制制度。

完好的计划和相应的权限都需要有严格的制度加以保证。因此,应实行科学管理和目标责任制。首先,应制定一系列常用的报表,规定报表填报的方式和日期。其次,应规定涉及成本控制的各级管理人员的职责,明确成本控制人员与财会部门和现场管理人员之间的合作关系的程序和具体职责划分。通常,由现场执行人员进行原始资料的积累和填报;由工程技术人员、财会部门和成本控制人员进行资料的整理、分析、计算和填报。其中,成本控制人员应定期编写成本控制分析报告、工程经济效益和盈亏预测报告。

(4)设立成本控制专职岗位。

成本控制专职人员应从一开始就参与编写成本计划,制定各种成本控制的规章制度,而且还应经常搜集和整理已经完工的每项实际成本资料,并进行分析,提出调整计划的意见。

(5)成本监督。

审核各项费用,确定是否进行工程款的支付,监督已支付的项目是否已经完成,有无漏洞,并保证每月按照实际工程状况定时定量支付;根据工程的情况,做出工程实际成本报告;对各项工作进行成本控制,如对设计、采购、委托(签订合同)进行控制;对工程项目成本进行审计活动。

(6)成本跟踪。

做详细的成本分析报告,并向各个方面提供不同要求和不同详细程度的报告。

(7)成本诊断。

成本诊断的内容主要有超支量及原因分析、剩余工作所需成本预算和工程成本趋势分析。

(8)其他工作。

①与相关部门(职能人员)进行合作,提供分析、咨询和协调工作。例如,提供由于技术变化及方案变化所引起的成本变化的信息,供各方面作决策或调整项目时考虑。

②采用技术经济的方法分析超支的原因及节约的可能性,从总成本最优的目标出发,进行技术、质量、工期、进度的综合优化。

③通过详细的成本比较、趋势分析获得一个顾及合同、技术、组织影响的项目最终成本状况的定量诊断,对后期工作中可能出现的成本超支状况提出早期预警。该项工作是为做出调控措施而服务的。

④组织信息,向各个方面,尤其是决策层提供成本信息和质量信息,为各方面的决策提

供问题解决的建议和意见。在项目管理中成本的信息量最大。

⑤对项目变化的预测,如对环境、目标的变化等所造成的成本影响进行测算分析,协助解决费用补偿问题(即索赔和反索赔)。

3. 工程成本的事后控制

建筑装饰装修工程的项目部分或全部竣工以后,必须对竣工工程进行决算,对工程成本计划的执行情况加以总结,对成本控制情况进行全面的综合分析考核,以便找出改进成本管理的对策。

(1)工程成本分析。

工程成本分析是成本控制工作的重要内容。通过分析与核算,可以对成本计划的执行情况进行有效的控制,对执行结果进行评价,为下一步工作的成本计划提供重要依据。

工程成本分析是项目经济核算的重要内容,也是成本控制的重要组成部分。成本分析要以降低成本计划的执行情况为依据,对照成本计划和各项消耗定额,检查技术组织措施的执行情况,分析降低成本的主观原因和客观原因、量差和价差因素、节约和超支情况,从而提出进一步降低成本的措施。

工程成本分析按照分析对象的范围及内容的深广度,可分为工程成本的综合分析及单位工程成本分析两类。

工程成本的综合分析是按照工程预、决算,降低成本计划和建筑安装工程成本表进行的,具体可采用以下几种方法:

①预算成本与实际成本的比较。工程预算成本是根据一定时期的现行预算定额和规定的取费标准计算的工程成本。实际成本是根据施工过程中发生的实际生产费用所计算的成本,它是按照一定的成本核算对象和成本项目而汇集的实际耗费。检查完成降低成本任务、降低成本指标以及各成本项目的降低和超支情况。

②实际成本与计划成本的比较。计划成本是根据计划周期正常的施工定额所编制的施工预算,并考虑降低工程成本的技术组织措施后确定的成本。检查完成降价成本计划以及各成本项目的偏离计划情况,检查技术组织措施计划和管理费用计划是否合理以及执行情况。与上年同期降低成本情况进行比较,分析原因,提出改进的方向。

通过工程成本的综合分析,只能概括了解工程成本降低或超支情况,要进一步详细了解,就需要对单位工程的每一个成本项目进行具体分析。可从以下几个方面进行:

①材料费分析。从材料的采购、生产、运输、库存与管理、使用等五个环节入手,分析材料差价和量差的影响,分析各种技术措施对降低成本的效果和管理不善而造成的浪费损失。

②人工费分析。从用工数量、工作利用水平、工效高低以及工资状况等方面分析主观因素及客观因素,查明劳动使用和定额管理中的节约和浪费。

③施工机械使用费分析。从施工方案的选择、机械化程度的变化、机械效率的高低、油料耗用定额及机械维修、完好率、利用率等方面对台班产量定额的工作差、台班费用的成本差进行分析,着重分析提高机械利用率和利用措施的效果及管理不善而造成的浪费。

④其他直接费分析。着重分析二次搬运及现场施工用水、电、风、气等费用的节、超情况。

⑤经营管理费分析。从施工生产任务和组织机构人员配备的变化、非生产人员的增减以及各项开支的节约与浪费等方面分析施工管理费的节、超情况及费用开支管理上的问题。

⑥技术组织措施计划完成情况的分析。为今后正确制定和贯彻技术组织计划积累经验。

（2）工程成本核算。

工程成本核算是指记录、汇总和计算工程项目费用的支出,核算承包工程项目的原始资料。在施工过程中,项目成本的核算应以每月为一核算期,宜在月末进行。核算对象应按照单位工程进行划分,一并与施工项目管理责任目标成本的界定范围一致。进行核算时,要严格遵守工程项目所在地关于开支范围和费用划分的规定。按期进行核算时,要按照规定对计入项目内的人工、材料、机械使用费,其他直接费、间接费等费用和成本,以实际发生数为准。

建筑装饰装修工程项目成本控制的流程如图4.1所示。

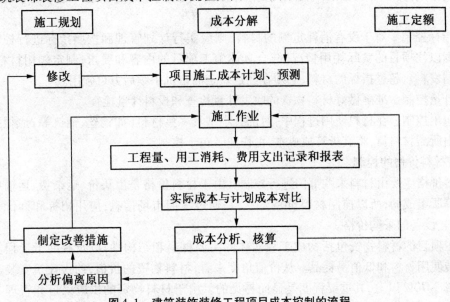

图4.1　建筑装饰装修工程项目成本控制的流程

4.3.4　工程项目成本控制的思路

工程项目成本主要是由工程量和所完成的对应各个工程量的消耗单价所决定的,因此工程项目成本控制的基本方法就是对完成的工程量及各个具体消耗的单价进行控制,可采用量价分离方法。其中,人工费、材料费和机械使用费的控制如图4.2所示。

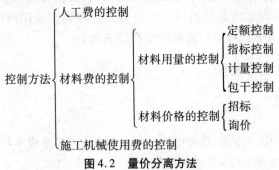

图4.2　量价分离方法

1.人工费的控制

人工费的控制实行"量价分离"的方法,将作业用工及零星用工按照定额工日的一定比例综合确定用工数量和单价,通过劳务合同进行控制。

2.材料费的控制

材料费的控制也同样应按照"量价分离"原则,控制材料用量和材料价格。

(1)材料用量的控制。

在保证符合设计要求和质量标准的前提下,合理使用材料,通过定额管理、计量管理等手段有效控制材料物资的消耗,具体方法如下:

①定额控制。对于有消耗定额的材料,以消耗定额作为依据,实行限额发料制度。在规定限额内分期分批领用,超过限额领用的材料,必须先查明原因,经过一定审批手续后方可领料。

②指标控制。对于没有消耗定额的材料,则应实行计划管理和按照指标进行控制的方法。根据以往项目的实际耗用情况,结合具体施工项目的内容和要求,制定领用材料指标,据以控制发料。超过指标的材料,必须在经过一定的审批手续后方可领用。

③计量控制。准确做好材料物资的收发计量检查和投料计量检查。

④包干控制。在材料使用过程中,对部分小型及零星材料(如钢丝、钢钉等)应根据工程量计算出所需材料量,将其折算成成本,由作业者包干控制。

(2)材料价格的控制。

材料价格主要由材料采购部门进行控制。由于材料价格是由买价、运杂费、运输中的合理损耗等所组成的,所以控制材料价格,主要是通过掌握市场信息,应用招标和询价等方式控制材料、设备的采购价格。

施工项目的材料物资包括构成工程实体的主要材料和结构件,以及有助于工程实体形成的周转使用材料和低值易耗品。从价值角度来看,材料物资的价值,约占建筑安装工程造价的60% ~70%以上,其重要程度是显而易见的。由于材料物资的供应渠道和管理方式各不相同,所以控制的内容和所采取的控制方法也将有所差异。

3.施工机械使用费的控制

施工机械使用费主要是由台班数量和台班单价两方面决定的。合理选择和使用施工机械设备对成本控制具有十分重要的意义,尤其是高层建筑施工。据某些工程实例统计,高层建筑地面以上部分的总成本中,垂直运输机械成本约占6% ~10%。由于不同的起重运输机械各自有着不同的用途和特点,因此在选择起重运输机械时,首先应根据工程特点和施工条件来确定应采取何种不同起重运输机械的组合方式。在确定采用的组合方式时,首先应满足施工需要,同时还要考虑到成本的高低和综合经济效益。

4.3.5　工程项目成本的途径

1.成本控制的措施

(1)组织措施。

建立成本控制组织保证体系,具有明确的项目组织机构,使成本控制有专门的机构和人员负责管理,任务职责明确,工作流程规范化。

(2)技术措施。

将价值工程应用于设计、施工阶段,进行多方案的选择,严格审查初步设计、施工图设计、施工组织设计和施工方案,严格控制设计变更,研究采取相应的有效措施以达到降低成本的目的。

(3)经济措施。

推行经济成本责任制,将计划目标进行分解并落实到基层,动态地对建筑装饰装修工程项目的计划成本和实际成本进行比较分析,严格处理各种费用的审批和支付,对节约投资采取鼓励措施。

(4)合同措施。

通过合同条款的制定,明确和约束设计、施工阶段的工程成本控制。

(5)信息管理措施。

利用计算机辅助进行工程成本控制。

2.建筑装饰装修工程项目的成本控制要点

(1)建立与市场经济相适应的管理机制,规范管理程序。

以项目管理为核心,建立健全生产力要素市场,实行以等价交换为原则的有偿使用和有偿服务。企业内部市场也要依据该原则为项目提供物资和劳务。会计工作要改变原来财务会计以编送会计报表为主要目标的做法,把核算重点转移到工程项目和内部市场的经济目标及其结果上来。

(2)将责任成本注入工程成本核算中。

责任成本是财务成本的发展和延伸。建立健全项目责任成本核算机制是实施成本控制的核心环节。在工程项目中,把委托财务成本、责任成本的双轨制变为单轨制,在核算项目上将可控成本和不可控制成本分开。凡是可控成本,都可作为项目班子的责任成本,通过考核分析,落实其责任,提高经济效益。

(3)做好以下几个结合。

①与生产经营和科学技术密切结合,全面挖掘降低成本的潜力。

②与抓好工程质量、保证项目功能相结合,在保证工程质量和功能的前提下,实现项目成本目标,做到既提高质量,又降低成本。

③与保证工程项目的工期相结合,做到既提高效率、缩短工期,又减少费用开支。

④与全员管理成本相结合,把项目成本目标落实到项目班子、项目管理成员及全体职工中,并运用系统论的思想正确处理项目成本目标,从而保证体系和各方面之间的关系。

3.建筑装饰装修工程项目实施各阶段降低成本的措施

(1)建筑装饰装修工程项目设计阶段。

①推行工程设计招标和方案竞选。招标和设计方案竞选有利于择优选定设计方案和设计单位;有利于控制项目投资,降低工程造价,提高投资效益;有利于采用技术先进、经济适用、设计质量水平高的设计方案。

②推行限额设计。限额设计是指按照批准的设计任务书及成本估算控制初步设计,按照批准的初步设计总概算控制施工图设计。各专业在保证达到使用功能的前提下,按照分配的成本限额控制设计,严格控制技术设计和施工图设计的不合理变更,保证总投资限额不被超过。建筑装饰装修工程项目限额设计的全过程实际上就是建筑装饰装修工程项目在设计阶段的成本目标管理过程,即目标设置、目标管理、目标实施检查、信息反馈的控制循环过程。

③加强设计标准和标准设计的制定及应用。设计标准是国家的技术规范,是进行工程

设计、施工和验收的重要依据,是工程项目管理的重要组成部分,它与项目成本控制密切相关。标准设计也称通用设计,是经政府主管部门批准的整套标准技术文件图纸。

采用设计规范不仅可以降低成本,还可以缩短工期。标准设计按照通用条件编制,能够较好地贯彻执行国家的技术经济政策,密切结合当地自然条件和技术发展水平,合理利用能源、资源和材料设备,从而大大地降低了工程造价。

a.可以节约设计费用,加快出图速度,缩短设计周期。

b.构配件生产的统一配料能够节约材料,有利于生产成本的大幅度降低。

c.标准件的使用可使工艺定型,容易使生产均衡和提高劳动生产率,既有利于保证工程质量,又有利于缩短工期。

(2)建筑装饰装修工程项目施工阶段。

①认真审查图纸,积极提出修改意见。在建筑装饰装修工程项目的实施过程中,施工单位应当按照建筑装饰装修工程项目的设计图纸进行施工建设。但由于设计单位在设计中考虑得不周到,设计的图纸可能会给施工带来不便。因此,施工单位应在认真审查设计图纸和材料、工艺说明书的基础上,并在保证工程质量和满足用户使用功能要求的前提下,结合项目施工的具体条件,提出积极的修改意见。施工单位提出的意见应有利于加快工程进度和保证工程质量,同时还能降低能源消耗、增加工程收入。在取得业主和施工单位的许可以后,进行设计图纸的修改,同时办理增减账。

②制定技术先进、经济合理的施工方案。施工方案的制订应以合同工期为依据,综合考虑建筑装饰装修工程项目的规模、性质、复杂程度、现场条件、装备情况、员工素质等因素。施工方案的内容主要包括:施工方法的确定、施工机具的选择、施工顺序的安排和流水施工的组织。施工方案应具有先进性和可行性。

③落实技术组织措施。落实技术组织措施,以技术优势来取得经济效益,是降低成本的一个重要方法。在建筑装饰装修工程项目的实施过程中,通过推广新技术、新工艺、新材料均能起到降低成本的目的。另外,通过加强技术质量检验制度,减少返工带来的成本支出也能够有效地降低成本。为了保证技术组织措施的落实并取得预期效益,必须实行以项目经理为首的责任制。由工程技术人员制定措施,材料负责人员供应材料,现场管理人员和生产班组负责执行,财务人员结算节约效果,最后由项目经理根据措施的执行情况和节约的效果对有关人员进行奖惩,形成落实技术组织措施的一条龙。

④组织均衡施工,加快施工进度。凡是按时间计算的成本费用,如项目管理人员的工资和办公费、现场临时设施费和水电费,以及施工机械和周转设备的租赁费等,在施工周期缩短的情况下,会有明显的节约。但由于施工进度的加快,资源使用相对集中,将会增加一定的成本支出,同时还容易造成工作效率降低的情况发生。因此,在加快施工进度的同时,必须根据实际情况,组织均衡施工,做到快而不乱,以免发生不必要的损失。

⑤加强劳动力管理,提高劳动生产率。改善劳动组织,优化劳动力的配置,合理使用劳动力,减少窝工;加强技术培训,提高工人的劳动技能和劳动熟练程度;严格劳动纪律,提高工人的工作效率,压缩非生产用工和辅助用工。

⑥加强材料管理,节约材料费用。材料成本在建筑装饰装修工程项目成本中所占的比重很大,具有较大的节约潜力。在成本控制中,应通过加强材料采购、运输、收发、保管、回收等工作来达到减少材料费用、节约成本的目的。根据施工需要合理储备材料,以减少资金占

用;加强现场管理,合理堆放,减少搬运,减少仓储和损耗;落实限额领料,严格执行材料消耗定额;坚持余料回收,正确核算消耗水平;合理使用材料,扩大材料代用;推广使用新材料。

⑦加强机具管理,提高机具利用率。结合施工方案的制订,从机具性能、操作运行和台班成本等因素综合考虑,选择最适合项目施工特点的施工机具;做好工序、工种机具施工的组织工作,最大限度地发挥机具的效能;平时做好机具的保养维修工作,使机具始终保持完好状态,随时都能正常运转。

⑧加强费用管理,减少不必要的开支。根据项目需要,配备精干高效的项目管理班子;在项目管理中,积极采用量本利分析、价值工程、全面质量管理等降低成本的新管理技术;严格控制各项费用的支出和非生产性开支。

⑨充分利用激励机制,调动职工增产节约的积极性。从装饰工程项目的实际情况出发,树立成本意识,划分成本控制目标,灵活合理的采用奖惩机制。通过责、权、利的结合,对员工执行劳动定额,实行合理的工资和奖励制度,能够大大提高全体员工的生产积极性,提高劳动效率,减少浪费,从而有效地控制工程成本。

4.5　装饰装修工程成本计划的编制

1.施工成本计划的编制依据

施工成本计划是施工项目成本控制的一个重要环节,也是实现降低施工成本任务的指导性文件。施工成本计划的编制依据包括:

(1)投标报价文件。

(2)企业定额、施工预算。

(3)施工组织设计或施工方案。

(4)人工、材料、机械台班的市场价。

(5)企业颁布的材料指导价、企业内部机械台班价格、劳动力内部挂牌价格。

(6)周转设备内部租赁价格、摊销损耗标准。

(7)已签订的工程合同、分包合同(或估价书)。

(8)结构件外加工计划和合同。

(9)有关财务成本核算制度和财务历史资料。

(10)施工成本预测资料。

(11)拟采取的降低施工成本的措施。

(12)其他相关资料。

2.施工成本计划的编制方法

施工成本计划的编制以成本预测为基础,关键是确定目标成本。一般情况下,施工成本计划总额应控制在目标成本的范围之内,并使成本计划建立在切实可行的基础上。施工成本计划的编制方式主要有以下三种:

(1)按照施工成本组成编制施工成本计划。

施工成本按照成本构成可以分解为人工费、材料费、施工机械使用费、措施项目费和企业管理费等,如图4.3所示,编制按照施工成本组成分解的施工成本计划。

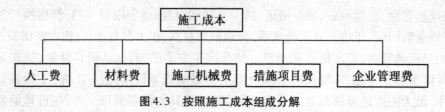

图4.3　按照施工成本组成分解

（2）按照施工项目组成编制施工成本计划的方法。

大中型工程项目通常是由若干个单项工程构成的，而每个单项工程包括了多个单位工程，每个单位工程又是由若干个分部分项工程所构成的。因此，首先要把项目总施工成本分解到单项工程和单位工程中，然后再进一步分解到分部工程和分项工程中，如图4.4所示。

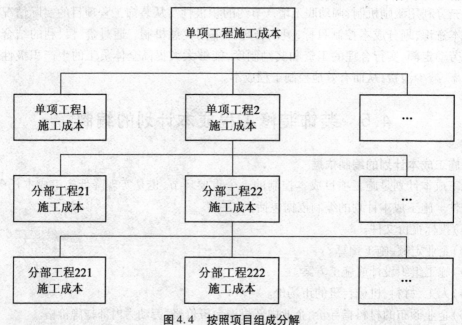

图4.4　按照项目组成分解

在编制成本支出计划时，要在项目总的方面考虑总的预备费，也要在主要的分项工程中安排适当的不可预见费，避免在具体编制成本计划时，可能发现个别单位工程或工程量表中某项内容的工程量计算有较大出入，而使原来的成本预算失实，并在项目实施的过程中对其尽量采取一些措施。

（3）按照施工进度编制施工成本计划的方法。

编制按照施工进度的施工成本计划，通常可利用控制项目进度的网络图进一步扩充而得。即在建立网络图时，一方面确定完成各项工作所需花费的时间，另一方面还要同时确定完成这一工作的合适的施工成本支出计划。在实践中，将工程项目分解为既能方便地表示时间，又能方便地表示施工成本支出计划的工作是不容易的。通常情况下，如果项目分解程度对时间控制合适，那么可能就会对施工成本支出计划分解过细，以至于不可能对每项工作确定其施工成本支出计划，反之亦然。因此，在编制网络计划时应在充分考虑进度控制对项目划分要求的同时，还要考虑确定施工成本支出计划对项目划分的要求，做到二者兼顾。

以上三种编制施工成本计划的方式并不是相互独立的。在实践中，往往是将这几种方式结合在一起使用，从而可以取得扬长避短的效果。

3.积极的费用计划

积极的费用计划不仅不局限于事先的费用估算或报价,而且也不局限于做工程项目的费用进度计划(即 S 曲线),还体现在以下几个方面:

(1)积极的费用计划不仅包括最基本的按照已确定的技术设计、合同、工期、实施方案和环境预算工程成本,而且还包括对不同的方案进行技术经济分析,从总体上考虑工期、费用、质量、实施方案之间的相互影响和平衡,以寻求最优的解决方案。

(2)费用计划已不局限于建设费用,而且应该考虑运营费用,即采用全生命周期费用计划和优化方法。通常对于确定的功能要求,建设质量标准高,建设费用增加则运营费用就会降低;反之,如果建设费用低,则运营费用就会提高。所以应该进行权衡,考虑两者都合适的方案。

(3)全过程的费用计划管理。不仅在计划阶段进行周密的费用计划,而且还在实施过程中积极参与费用控制,不断地按照新的情况(新的设计、新的环境、新的实施状况)调整和修改费用计划,预测工程结束的费用状态以及工程经济效益,形成一个动态控制过程。在项目实施过程中,做任何决策之前都要做相关的费用预算,顾及对费用和项目经济效益的影响。

(4)积极的费用计划目标不仅是项目建设费用的最小化,而且还是项目盈利的最大化。盈利的最大化经常是从整个项目(包括生产运行期)的效益角度进行分析的。

(5)积极的费用计划还体现在,不仅按照项目预定的规模和进度计划安排资金的供应,保证项目的顺利实施,而且还要按照可获得资源(资金)量安排项目规模和进度计划。

4.6 装饰装修工程项目资金管理

将资金比作企业的血液是十分恰当的。抓好资金管理,把有限的资金运用到关键的地方,加快资金的流动,促进施工,降低成本,具有十分重要的意义。

1.建筑装饰装修工程项目资金收入与支出的预测及对比

(1)项目资金收入预测。

项目资金收入是按合同价款收取的。在实施工程项目合同的过程中,从收取工程预付款(预付款在施工后以冲抵工程价款方式逐步扣还给业主)开始,每月按进度收取工程进度款,直至最终竣工结算,按时间测算出价款数额,做出项目收入预测表,绘出项目资金按月收入图及项目资金按月累加收入图。

在进行资金收入测算工作时,应注意以下几个问题:

①由于资金测算工作是一项综合性工作。因此,要在项目经理的主持下,由职能人员参加共同分工负责完成。

②加强施工管理,确保能够按照合同工期的要求完成工程,以免受到延误工期的惩罚,造成经济损失。

③严格按照合同规定的结算办法测算每月实际应收的工程进度款数额,同时还要注意收款滞后时间因素,即按当月完成的工程量计算应取的工程进度款,不一定能够按时收取,但应力争缩短滞后时间。

按照上述原则测算的收入,形成了资金收入在时间上、数量上的总体概念,为项目筹措资金,加快资金周转,合理安排资金的使用提供科学依据。

（2）项目资金支出预测。

①项目资金支出预测的依据。

a. 成本费用控制计划。

b. 项目施工规划。

c. 各类材料、物资储备计划。

根据上述依据测算出随着工程的实施每月预计的人工费、材料费、施工机械使用费、物资储运费、临时设施费、其他直接费和施工管理费等各项支出,使整个项目的支出在时间上和数量上有一个总体的概念,以满足资金管理上的需要。

②项目资金支出预测的程序如图4.5所示。

图4.5　项目资金支出预测的程序

③项目资金支出预测应注意的问题。

a. 从实际出发,使资金支出预测更符合实际情况。资金支出预测,在投标报价中就已经开始做了,但做得不够具体。因此,要根据项目的实际情况,将原报价中估计的不确定因素加以调整,使其与实际相符合。

b. 必须重视资金支出的时间价值。资金支出的测算是从筹措资金和合理安排、调度资金的角度来考虑的,一定要反映出资金支出的时间价值,以及合同实施过程中不同阶段的资金需要。

2. 建筑装饰装修工程项目资金的筹措

（1）项目资金来源

为项目筹措资金,可以通过多种不同的渠道,采用多种不同的方式。我国现行的项目资金来源主要有以下几种:

①财政资金。包括财政无偿拨款和拨改贷资金。

②银行信贷资金。包括基本建设贷款、技术改造贷款、流动资金贷款和其他贷款等。

③发行国家投资债券、建设债券、专项建设债券以及地方债券等。

④在资金暂时不足的情况下,可以采用租赁的方式进行解决。

⑤企业资金。主要包括企业的自有资金、集资资金(发行股票及企业债券)和向产品用户集资。

⑥利用外资。包括利用外国直接投资,进行合资、合作建设以及利用世界银行贷款等。

（2）施工过程所需要的资金来源。

施工过程所需要的资金来源,一般是在承发包合同条件中规定的,由发包方提供的工程备料款和分期结算工程款提供。资金来源主要有:预收工程备料款、已完施工价款结算、内部银行贷款、其他项目资金的调剂等。

（3）筹措资金的原则。

①充分利用自有资金。其优点是:调度灵活,不必支付利息,比贷款的保证性强。

②必须在经过收支对比以后,按差额筹措资金,避免造成浪费。

③把利息的高低作为选择资金来源的主要标准;尽可能地利用低利率贷款。

3.建筑装饰装修工程项目资金管理

项目资金管理采用集中监控和以项目为对象的动态管理模式。集中监控是指由企业内部银行统一管理项目资金,项目经理部应在内部银行中申请开设独立账户,用以反映项目资金收、支、余运行的动态状况。月末与项目对账,确保账账相符。凡是业主要求在其他银行开设账户的,统一由内部银行出面开设账户,不允许项目在外独立开户。

企业内部银行既引入了银行的有偿使用资金的融资机制,又具有内部资金管理、监督的职能。对所有在外支付的款项进行监督审核,确保结算的合法性,避免产生差错。

项目经理部应按月编制资金收支计划,企业工程部签订供款合同,由公司总会计师批准,内部银行监督实施,月末提出执行情况分析报告。

4.7 装饰装修工程成本管理问题分析及对策探析

1.项目成本管理中存在的问题

装饰装修工程的成本控制和管理关系到装饰装修工程企业的整体效益和营运的可持续性。成本的控制是由各个部门协同完成的,同时它贯穿于项目运行的整个过程(从预算、投标、材料购置、施工一直到项目的竣工)。该过程中的每个环节既独立又相互影响,其中任何一个环节产生问题,都会对整个项目的成本和效益产生联动性的影响。下面将从项目投标、项目评估以及项目施工等环节来分析项目成本的影响因素。

(1)项目投标环节存在的问题。

装饰装修工程成本受多种因素的影响,项目投标是工程的起始阶段,其对装饰装修工程成本会产生一定的影响,具体如下:

①投标报价濒临成本底线,竞标各方风险加剧。竞标各方为了提高中标的几率,在报价环节一再压低价格,有时报价甚至低于项目的成本预算,这种不良的竞争直接影响到项目的经济效益。

②投标预算控制困难。由于目前投标管理机制尚不完善,在投标过程中"拉关系"等不当行为依然存在,从而使竞标方在投标前期存在额外费用的投入,这往往会导致投标费用的急剧攀升,从而使预算失控。

(2)施工生产环节存在的问题。

①项目成本核算基础工作薄弱。项目成本核算是成本管理的关键环节,但部分企业由于其内部核算机制不完善、不健全,项目核算环节过于简单,仅限于处在项目管理层的负责人,而忽略了对采购、运输人员等基层人员的成本核算,从而导致项目核算出来的成本与项目真实支出的成本不一致。项目成本核算基础工作薄弱,将会增加项目成本管理的风险。

②成本管理过于形式化,制度约束不到位。

a.在项目实施各阶段中的成本支出统计过于粗糙,遗漏甚多,对于一些潜在的问题未能及时发现并解决。

b.业主与施工方所签订的合同不够完善,存在很多隐性问题,如施工期耽误及施工质量不达标等的赔偿条款不清晰,以上问题急需完善。

　　c.装饰装修施工方案粗制滥造,细小问题考虑得不周到,如围护结构和墙体衔接施工方法交待不清,施工人员凭借经验现场修改施工要求。

　　③企业成本意识差。

　　a.设计人员成本控制观念淡薄,设计随心所欲,人为地增加了项目成本。项目施工方案的设计是装饰装修工程成本控制的重要环节,方案的优劣直接影响到项目的投资费用和成本。以建筑幕墙施工设计方案为例,设计费用仅占项目总成本的一至两个百分点,但幕墙的施工费用却占总造价的七成以上。因此,在方案施工阶段进行成本控制的同时,也不能忽视设计方案对成本产生的重大影响。

　　b.部分企业缺乏标准化设计的意识。在成本控制方面,装饰装修部件的标准化设计是非常重要的一个环节,但是现在很多企业却没有标准化的意识,并没有为自己企业常用的装饰装修部件制定标准化模件,如建筑窗户常用的铝材外框,同一企业应该使用统一的尺寸和型号,尽量标准化。但由于部件标准化体系尚未建立,不同设计师往往按照自己的设计要求,选用不同尺寸、不同型号的铝材,从而增加了模具开发的成本。

　　c.物资供应对材料价格及质量的影响。按照经验,装饰装修材料的费用约占工程总费用的七成以上,建材的价格在很大程度上决定了项目的成本。目前建材市场多元化,进货途径多,材料的价格有很大差别。目前大部分企业的采购人员都没有专业的采购知识,而且对材料的性能、产地以及其执行的质量标准不尽了解,采购的失误往往在很大程度上增加了项目的成本。

2.项目成本控制与管理对策

　　(1)建立有效的跟踪、预警及考核机制。

　　①实行工程信息筛选跟踪制度。完善项目投标管理机制,并实行工程投标信息的筛选与跟踪制度,在投标之前进行项目的全方位分析,综合权衡企业的竞争优势,合理评估投标的中标概率,判断该投标是否具有参与竞投的价值,不作无谓的花费。

　　②建立投标报价压价预警机制。根据企业自身历年的项目成本数据,以及行业中其他企业参与相同类型项目的投标报价资料,并结合现在参与投标的项目情况、建材市场的价格走势,并综合分析业主的经济实力、款项支付方式、结算条款等因素,来确定投标定价的最低降价幅度。如果投标标价低于预算的最低报价线,则投标报价预警机制就会随之生效。

　　③建立行之有效的投标工作绩效考核制度。根据企业多年的项目数据以及本年度的预期目标制定本年的投标成本预算,并建立健全投标绩效考核制度,对其进行有效的监控和管理。实行投标费用与项目总费用直接挂钩的总额控制,将投标节余与超支情况作为绩效考核的项目,并根据投标结果以及中标项目的利润与本企业进行投标工作人员的奖惩直接挂钩。通过完善的投标绩效考核制度来促进投标工作的效率。

　　(2)按照科学合理的原则做好项目成本评估工作。

　　①建立企业项目成本评估专项部门。成立独立部门专门负责项目成本的评估工作,专项评估部门由企业高层领导负责,并在企业其他部门抽调骨干成员组成成本技术评估小组。专项评估部门具有以下职能:

　　a.在参与投标之前对投标的成本和利润空间进行分析,完成评估报告。

　　b.根据投标评估报告编制项目成本明细预算。

　　c. 对项目运行过程中的各个环节和各个部门进行监督。

　　②编制适合的施工成本定额,指导编制项目目标责任成本预算。各企业需综合各种因素,科学的制定符合本企业自身情况的施工成本定额标准,该标准的确定需要以相关行业标准(规范)的定额作为依据,并通盘考虑企业自身的财政状况和管理水平。定额标准确定以后,企业就可以根据项目评估的结果来签订项目目标责任合同,通过合同明确利润水平以及确定项目的审核和奖惩准则。

　　(3)树立企业全员参与的意识,在各环节有效控制成本。

　　项目成本管理贯穿于项目运行的整个过程,从预算、投标、材料购置、施工一直到项目的竣工,这个过程中的每个环节既独立又相互影响,其中任何一个环节产生问题,都会对整个项目的成本和效益产生联动性的影响。因此,建筑装饰装修成本管理及控制理念要贯穿项目运行的各个阶段:

　　①设计环节。实行限额设计,科学合理的控制工程费用。装饰装修设计方案在符合装饰装修设计及施工标准的前提下,根据各环节对应的工程费用限额进行方案的设计,务求工程费用不突破成本预算,把技术与经济效益有机地结合起来,将施工图设计、投标预算及施工费用预算融为一体。

　　②施工与装配环节。各企业应积极施行标准化施工体系,并有效缩短施工周期,提高工效。在推行标准化的过程中,各企业应根据企业自身的实际情况,制定自己的定型化装饰装修部件,通过标准模块的使用,以及行之有效的加工和施工工艺,来达到提高工作效率、降低差错率、提高产品质量、节约设备能源消耗的目的。

　　③物资供应环节。在装饰装修材料的购置环节,要对采购人员进行专业培训,材料的选择在满足规范的前提下,尽可能购置性价比高的货源。同时,对本企业材料的库存进行有效管理,最大限度的降低材料的积压,实现资金使用效率的最大化。

　　装饰装修工程成本管理与控制是一门专业的学问,同时也是一项复杂的系统工程,把成本管理和控制落实到项目运行的各个环节,企业各部门人员在控制成本的过程中需协同一心,将装饰装修工程成本控制在预期目标之内。

4.8　工程价款支付

1. 工程价款结算方式与预付款支付

　　(1)工程款的主要结算方式。

　　工程款结算是指发包人在工程实施过程中,依据合同中相关付款条款的规定和已完成的工程量,按照规定的程序向承包人支付工程款的一项经济活动。工程款的结算方式主要有以下几种:

　　①按月结算方式。是指先预付部分工程款,在施工过程中按月结算工程进度款,竣工后进行清算的办法。单价合同常采用按月结算的方式。

　　②分段结算方式。是指按照工程的形象进度,划分为不同阶段进行结算。形象进度一般可划分为:基础、±0.000 以上的主体结构、装修、室外及收尾等。分段结算可以按月预支工程款。

　　③竣工后一次结算方式。建设项目或单项工程全部建筑安装工程建设期在 12 个月以

内,或者工程承包合同价值在 100 万元以下的,可以实行开工前预付一定的预付款或加上工程款每月预支,竣工后一次结算的方式。

④结算双方约定的其他结算方式。

(2)工程预付款的支付与抵扣。

①工程预付款的支付。工程预付款是发包人为了帮助承包人解决施工准备阶段的资金周转问题而提前支付的一笔款项,主要用于承包人为合同工程施工购置材料、机械设备、修建临时设施以及施工队伍进场等。工程是否实行预付款,一般取决于工程性质、承包工程量的大小及发包人在招标文件中的规定。工程实行预付款的,发包人应按照合同约定的时间和比例(或金额)向承包人支付工程预付款。当合同对工程预付款的支付没有约定时,应按照《计价规范》和财政部、建设部印发的《建设工程价款结算暂行办法》(财建[2004] 369 号)的规定进行办理。

a.工程预付款的额度。包工包料的工程,原则上预付比例不低于合同金额(扣除暂列金额)的 10% ,不高于合同金额(扣除暂列金额)的 30% ;对于重大工程项目,应按年度工程计划逐年预付。实行工程量清单计价的工程,实体性消耗和非实体性消耗部分应在合同中分别约定预付款比例(或金额)。

b.工程预付款的支付时间。承包人应在签订合同或向发包人提供与预付款等额的预付款保函之后向发包人提交预付款支付申请。

发包人应在收到支付申请的 7 d 内进行核实,向承包人发出预付款支付证书,并在签发支付证书后的 7 d 内向承包人支付预付款。

发包人没有按照合同约定按时支付预付款的,承包人可催告发包人支付;发包人在预付款期满后 7 d 内仍未支付的,承包人可在付款期满后第 8 d 起暂停施工。发包人应承担由此而增加的费用和延误的工期,并向承包人支付合理的利润。

②工程预付款的抵扣。发包人拨付给承包人的工程预付款属于预支的性质。随着工程进度的推进,拨付的工程进度款数额不断增加,工程所需的主要材料、构件的储备逐步减少,原本已经支付的预付款应以抵扣的方式从工程进度款中予以陆续扣回。预付的工程款必须在合同中约定扣回方式,常用的扣回方式有以下两种:

a.在承包人完成金额累计达到合同总价的一定比例(双方合同约定)之后,采用等比率或等额扣款的方式分期抵扣。也可针对工程实际情况具体处理,如有些工程工期较短、造价较低,就无需分期扣还;有些工期较长,如跨年度工程等,其预付款的占用时间很长,根据需要可以少扣或不扣。

b.从未完施工工程尚需的主要材料及构件的价值相当于工程预付款数额时起扣,从每次中间结算工程价款中,按照材料及构件比重抵扣工程预付款,至竣工之前全部扣清。

2.工程计量与价款支付

(1)工程计量。

工程量的正确计量是发包人向承包人支付工程进度款的前提和依据。

①工程计量的原则。

a.按照合同文件中约定的方法进行计量。

b.按照承包人在履行合同义务的过程中实际完成的工程量计算。

c.对于不符合合同文件要求的工程,承包人超出施工图纸范围或因承包人原因而造成返工的工程量,不予计量。

d. 如果发现工程量清单中出现漏项、工程量计算偏差,以及工程变更而引起工程量的增减变化,则应据实调整,正确计量。

②工程量的确认。承包人应按照合同的约定,向发包人递交已完工程量报告;发包人应在接到报告后按照合同的约定进行核对。当承发包双方在合同中对工程量的计量时间、程序、方法和要求未作约定时,应按照下列规定办理:

a. 承包人应在每个月末或合同约定的工程段完成后向发包人递交上月或上一工程段已完工程量报告。

b. 发包人应在接到报告后的 7 d 内按照施工图纸(含设计变更)核对已完工程量,并应在计量前的 24 h 内通知承包人,承包人应提供条件并按时参加核实。

c. 计量结果的确认:

·如发包人和承包人双方均同意计量结果,则双方应签字确认。

·如承包人收到通知后不参加计量核对,则由发包人核实的计量应认为是对工程量的正确计量。

·如发包人未在规定的核对时间内进行计量核对,则承包人提交的工程计量视为发包人已经认可。

·如发包人未在规定的核对时间内通知承包人,致使承包人未能参加计量核对的,则由发包人所作的计量核实结果无效。

·对于承包人超出施工图纸范围或由于承包人的原因而造成返工的工程量,发包人不予计量。

·如承包人不同意发包人核实的计量结果,则承包人应在收到上述结果后的 7 d 内向发包人提出,申明承包人认为不正确的详细情况。发包人收到后,应在 2 d 内重新核对有关工程量的计量,或予以确认,或将其修改。

(2)工程进度款支付。

①承包人申请付款。承包人应在每个付款周期末,向发包人递交进度款支付申请,并附有相应的证明文件。

除了合同另有约定以外,进度款支付申请应包括(但不限于)以下内容:

a. 本周期已完成工程的价款。

b. 累计已完成的工程价款。

c. 累计已支付的工程价款。

d. 本周期已完成计日工金额。

e. 应增加和扣减的变更金额。

f. 应增加和扣减的索赔金额。

g. 应抵扣的工程预付款。

h. 应扣减的质量保证金。

i. 根据合同应增加和扣减的其他金额。

j. 本付款周期实际应支付的工程价款。

②发包人支付工程进度款。发包人在收到承包人递交的工程进度款支付申请及相应的证明文件以后,应在合同约定的时间内进行核对,并按照合同约定的时间和比例向承包人支

付工程进度款。发包人应扣回的工程预付款,与工程进度款同期结算抵扣。

当承发包双方未在合同中对工程进度款支付申请的核对时间以及工程进度款支付时间、支付比例做出明确约定时,应根据《建设工程价款结算暂行办法》的相关规定进行办理,具体如下:

a. 发包人应在收到承包人的工程进度款支付申请后的 14 d 内核对完毕,否则从第 15 d 起承包人递交的工程进度款支付申请视为被批准。

b. 发包人应在批准工程进度款支付申请的 14 d 内,向承包人按不低于计量工程价款的 60%,不高于计量工程价款的 90% 向承包人支付工程进度款。

c. 发包人在支付工程进度款时,应按照合同约定的时间、比例(或金额)扣回工程预付款。

③发包人没有按照合同约定支付工程进度款的处理和责任。发包人没有在合同约定的时间内支付工程进度款,承包人应及时向发包人发出要求付款的通知,发包人收到承包人的通知后仍不按照要求付款,可与承包人协商签订延期付款协议,经承包人同意后延期支付。协议应明确延期支付的时间和从付款申请生效后按照同期银行贷款利率计算应付款的利息。

发包人不按照合同的约定支付工程进度款,双方又未达成延期付款协议,导致施工无法进行时,承包人可停止施工,由发包人承担违约责任。

3. 工程款索赔与现场签证

(1)工程索赔的概念。

索赔是指在合同履行的过程中,对于非己方的过错而应由对方承担责任的情况造成的损失,向对方提出补偿的要求。建设工程施工中的索赔是发包人和承包人双方行使正当权利的行为。

合同一方向另一方提出索赔时,应有正当的索赔理由和有效证据,并应符合合同的相关约定。由此可以看出任何索赔事件的成立必须满足三个要素,即正当的索赔理由、有效的索赔证据、在合同约定的时限内提出。

(2)索赔处理程序。

①承包人索赔的处理。若承包人认为由于非承包人原因发生的事件造成了承包人的经济损失,承包人应在确认该事件发生以后,按照合同的约定向发包人发出索赔通知。发包人在收到最终索赔报告后并在合同约定的时间内,未向承包人做出答复,则视为该项索赔已经认可。承包人索赔可按照以下程序进行处理:

a. 承包人在合同约定的时间内向发包人递交费用索赔意向通知书。

b. 发包人指定专人收集与索赔有关的资料。

c. 承包人在合同约定的时间内向发包人递交费用索赔申请表。

d. 发包人指定的专人初步审查费用索赔申请表,符合索赔条件时予以受理。

e. 发包人指定的专人进行费用索赔核对,经造价工程师复核索赔金额后,与承包人协商确定并由发包人批准。

f. 发包人指定的专人应在合同约定的时间内签署费用索赔审批表,并可要求承包人提交有关索赔的进一步详细资料。

如果承包人的费用索赔与工程延期索赔要求相关联,则发包人在做出费用索赔的批准决定时,应结合工程延期的批准,综合做出费用索赔和工程延期的决定。发包人和承包人双方确认的索赔费用与工程进度款同期支付。

②发包人索赔的处理。如果发包人认为由于承包人的原因而造成额外损失,则发包人应在确认引起索赔的事件之后,按照合同约定向承包人发出索赔通知。承包人在收到发包人索赔通知后并在合同约定的时间内,未向发包人做出答复,则视为该项索赔已经认可。

当合同中对此未作具体约定时,应按照下列规定进行办理:

a. 发包人应在确认引起索赔的事件发生后的 28 d 内向承包人发出索赔通知,否则承包人将免除该索赔的全部责任。

b. 承包人在收到发包人索赔报告后的 28 d 内,应作出回应,表示同意或不同意并附上具体意见,如在收到索赔报告后的 28 d 内,未向发包人做出答复,则视为该项索赔报告已经认可。

(3)索赔费用的组成。

索赔费用的组成与建筑安装工程造价的组成相似,一般包括以下几个方面:

①人工费。包括增加工作内容的人工费、停工损失费和工作效率降低的损失费等累计。其中,增加工作内容的人工费应按照计日工费计算,而停工损失费和工作效率降低的损失费则按照窝工费计算,窝工费的标准双方应在合同中约定。

②设备费。可采用机械台班费、机械折旧费、设备租赁费等几种形式。因工作内容增加而引起的设备费索赔,设备费的标准按照机械台班费计算。因窝工而引起的设备费索赔,当施工机械属于施工企业自有时,索赔费用的标准按照机械折旧费计算;当施工机械是施工企业从外部租赁而来时,索赔费用的标准按照设备租赁费计算。

③材料费。包括索赔事件引起的材料用量增加、材料价格大幅度上涨、非承包人原因造成的工期延误而引起的材料价格上涨和材料超期存储费用。

④管理费。管理费又可分为现场管理费和企业管理费两部分,由于二者的计算方法不同,所以在审核过程中应区别对待。

⑤利润。对工程范围、工作内容变更等引起的索赔,承包人可按照原报价单中的利润百分率计算利润。

⑥迟延付款利息。发包人未按照约定的时间进行付款的,应按照银行同期贷款利率来支付迟延付款的利息。

(4)索赔的计算。

①实际费用法(又称额外成本法)。费用索赔的计算常采用实际费用法,该方法是按照各索赔事件所引起损失的费用项目分别分析计算索赔值,然后再将各费用项目的索赔值进行汇总,即可得到总索赔费用值。这种方法以承包商为某项索赔工作所支付的实际开支为依据,但仅限于由于索赔事项而引起的、超过原计划的费用,因此也称额外成本法。在这种计算方法中,需要注意的是不要遗漏费用项目。

②总费用法。这一方法的基本思路是把固定总价合同转化为成本加酬金合同,以承包商的额外成本加上管理费和利润等附加费作为索赔值。总费用法是一种最简单的计算方法,经常用于对索赔值的估算。但这种方法在实际工程索赔事件中应用较少,而不容易被对方、调解人和仲裁人认可。

③修正的总费用法。修正的总费用法是对总费用法的改进,即在总费用计算的原则上对总费用法进行相应的修改和调整,去掉一些比较不确切的可能因素,使其更加合理。修正

和调整的内容一般包括：

a. 将计算索赔款的时间段仅局限于受到外界影响的时间(如雨期)，而不是整个施工期。

b. 仅计算受影响时间段内的某项工作(如土坝碾压)所受影响的损失，而不计算该时间段内所有施工所受的损失。

c. 在受影响的时间段内受影响的某项工程施工中，使用的人工、设备、材料等资源均有可靠的记录资料，如工程师的施工日志、现场施工记录等。

d. 与该项工作无关的费用，不列入总费用中。

e. 对投标报价时的估算费用重新进行核算。修正后的总费用法，与未经修正的总费用法相比有了实质性的改进，使其准确程度接近于实际费用法，容易被业主和工程师所接受。

(5)现场签证。

现场签证是指发包人和承包人双方的现场代表(或其委托人)就施工过程中涉及的责任事件所作的签认证明。

①现场签证的范围。现场签证的范围一般包括：

a. 适用于施工合同范围以外零星工程的确认。

b. 在工程施工过程中发生变更后需要现场确认的工程量。

c. 非施工单位原因而导致的人工、设备窝工及有关损失。

d. 符合施工合同规定的非施工单位原因所引起的工程量或费用增减。

e. 确认修改施工方案所引起的工程量或费用增减。

f. 工程变更导致的工程施工措施费增减等。

②现场签证的程序。承包人应发包人的要求完成合同以外的零星工作或非承包人责任事件发生时，承包人应按照合同的约定及时向发包人提出现场签证。当合同对现场签证未作具体约定时，应按照《建设工程价款结算暂行办法》的规定进行处理，具体如下：

a. 承包人应在接受发包人要求的 7 d 内向发包人提出签证，发包人签证后施工。若没有相应的计日工单价，则签证中还应包括用工数量和单价、机械台班数量和单价、使用材料品种及数量和单价等。若发包人未签证同意，则承包人施工后发生争议的，责任由承包人自负。

b. 发包人应在收到承包人签证报告的 48 h 内给予确认或提出修改意见，否则视为该签证报告已经认可。

c. 发、承包双方确认的现场签证费用与工程进度款同期支付。

③现场签证费用的计算。现场签证费用的计价方式主要有两种：第一种是在完成合同以外的零星工作时，按计日工作单价计算。此时提交现场签证费用申请时，应包括下列证明材料：

①工作名称、内容和数量。

②投入该工作所有人员的姓名、工种、级别和耗用工时。

③投入该工作的材料类别和数量。

④投入该工作的施工设备型号、台数和耗用台时。

⑤监理人要求提交的其他资料和凭证。

第二种是完成其他非承包人责任所引起的事件，应按照合同中的约定计算。

4. 工程价款调整

(1)合同价款调整与其调整范围。

①招标工程的合同价款由发包人和承包人依据中标通知书中的中标价格在协议书内约定,非招标工程的合同价款由发包人和承包人依据工程预算书在协议书内约定。合同价款在协议书内约定之后,任何一方不得擅自更改,双方可在专用条款中约定采用的合同价款方式,即固定价格合同、可调价格合同或成本加酬金合同中的任何一种。

②合同价款调整的范围。

a. 发包方(甲方)代表确认的工程量增减。

b. 发包方(甲方)代表确认的设计变更或工程洽商

c. 工程造价管理部门公布的价格调整

d. 合同约定的其他增减或调整。

(2)工程价款调整方法。

①工程造价指数调整法。这种方法是甲乙双方采用当时的预算(或概算)定额单价计算出承包合同价,待竣工时,根据合理的工期及当地工程造价管理部门所公布的该月度(或季度)的工程造价指数,对原承包合同价予以调整,调整的重点是那些由于实际人工费、材料费、机械费等费用上涨及工程变更因素而造成的差价,并对承包商给以调价补偿。

②实际价格调整法。由于国内建筑材料市场采购的范围越来越大,所以有些地区规定对钢材、木材、水泥等三大材料的价格采取按实际价格结算的方法。工程承包商可凭发票按时报销。这种方法方便而正确。但由于是实报实销,所以承包商对降低成本并不感兴趣,为了避免副作用,地方主管部门要定期发布最高限价,同时合同文件中应规定建设单位或工程师有权要求承包商选择更廉价的供应来源。

③调价文件计算法。这种方法是甲乙双方采取按当时的预算价格承包,在合同工期内,按照造价管理部门调价文件的规定,进行抽料补差(在同一价格期内按所完成的材料用量乘以差价),也有的地方定期发布主要材料供应价格和管理价格,对这一时期的工程进行抽料补差。

④调值公式法。按照国际惯例,对建设项目工程价款的动态结算,一般采用此法。事实上,在绝大多数国际工程项目中,甲乙双方在签订合同时就明确列出了这一调值公式,并以此作为价差调整的计算依据。

建筑安装工程费用价格的调值公式一般包括固定部分、材料部分和人工部分。但当建筑安装工程的规模和复杂性增加时,公式也变得更为复杂。调值公式一般如下:

$$P = P_0 \left(a_0 + a_1 \frac{A}{A_0} + a_2 \frac{B}{B_0} + a_3 \frac{C}{C_0} + a_4 \frac{D}{D_0} + \cdots \right)$$

式中　P——调值后合同价款或工程实际结算款;

　　　　P_0——合同价款中工程预算进度款;

　　　　a_0——固定要素,代表合同支付中不能调整的部分占合同总价的比重;

　　　　a_1、a_2、a_3、a_4…——代表有关各项费用(如人工费、材料费、机械费、运输费等)在合同总价中所占比重,$a_0 + a_1 + a_2 + a_3 + a_4 + \cdots = 1$;

　　　　A_0、B_0、C_0、D_0…——投标截止日期前28 d 与 a_1、a_2、a_3、a_4…所对应的各项费用的基期价格指数或价格;

　　　　A、B、C、D…——在工程结算月份与 a_1、a_2、a_3、a_4…对应的各项费用的现行价格指数或价格。

在运用这一调值公式进行工程价款价差调整中需要注意以下几点事项：

a. 固定要素通常的取值范围在 0.15～0.35 之间。固定要素对调价的结果影响很大,它与调价余额呈反比例关系。固定要素极其微小的变化,隐含着在实际调价时很大的费用变动,因此承包商在调值公式中采用的固定要素取值要尽可能偏小。

b. 调值公式法中有关的各项费用,按照一般的国际惯例,只选择用量大、价格高且具有代表性的一些典型人工费和材料费,通常是大宗的水泥、砂石料、钢材、木材、沥青等,并用它们的价格指数变化来代表材料费的价格变化,以便尽可能地与实际情况接近。

c. 各部分成本的比重系数,在许多招标文件中都要求承包人在投标中提出,并在价格分析中予以论证。但也有的是由发包人(业主)在招标文件中规定一个允许的范围,由投标人在此范围内选定。

d. 调整有关各项费用要与合同条款规定相一致。签订合同时,甲乙双方一般应商定调整的有关费用和因素,以及物价波动到何种程度才进行调整。在国际工程中,一般超过 5% 左右才进行调整。

e. 调整有关各项费用时要注意地点和时点。地点一般是指工程所在地或指定的某地市场价格;时点是指某月某日的市场价格。这里要确定两个时点价格,即签订合同时间某个时点的市场价格(基础价格)和每次支付前的一定时间的时点价格。

f. 确定每个品种的系数和固定要素系数,品种的系数要根据该品种价格对总造价的影响程度而定。各品种系数之和加上固定要素系数应该等于1。

4.9 建筑装饰装修工程项目竣工结算和决算

1. 建筑装饰装修工程项目竣工结算

《工程竣工验收报告》一经产生,承包人便可在规定的时间内向建设单位递交竣工结算报告及完整的竣工结算资料。

建筑装饰装修工程项目竣工结算是指建筑装饰装修工程项目按照合同规定实施过程中,项目经理部与建设单位进行的工程进度款结算及竣工验收后的最终结算。结算的主体是施工方。结算的目的是施工单位向建设单位索要工程款,实现商品的"销售"。

(1)竣工结算的依据。

竣工结算的依据包括:

①施工合同。

②中标投标书报价单。

③施工图及设计变更通知单、施工变更记录、技术经济签证资料。

④施工图预算定额、取费定额及调价规定。

⑤有关施工技术资料。

⑥竣工验收报告。

⑦工程质量保修书。

⑧其他有关资料。

(2)竣工结算的编制原则。

①以单位工程或合同约定的专业项目为基础,对原报价单的主要内容进行检查和核对。

②发现有漏算、多算或计算误差的,应及时进行调整。

③如果施工项目是由多个单位工程构成的,则应将多个单位工程竣工结算书汇总,编制成单项工程竣工综合结算书。

④由多个单项工程构成的建设项目,应将多个单位工程竣工综合结算书汇编成建设项目的竣工结算书,并撰写编制说明。

(3)竣工结算的编制步骤。

竣工结算的实质就是在原来预算造价的基础上,对工程进行过程中的工程价差、量差及费用变化等进行调整,计算出竣工工程实际结算价格的一系列计算过程。竣工结算应按照下列步骤进行编制:

①收集影响工程量差、价差及费用变化的原始凭证。

②将收集到的资料进行分类汇总并计算工程质量。

③检查、核对和修正施工图预算的主要内容。

④根据查对结果和各种结算依据,做出工程结算。

⑤写出包括工程概括、结算方法、费用定额和其他说明等内容在内的说明书。

⑥送审。

(4)竣工结算的审查。

①竣工结算的审查方法。

a.总面积法。由于建筑物的装饰装修面积一般都与建筑面积十分接近,所以超过建筑面积和相差面积较多都是不正常的。按照这种思路,可以较快地审查工程的装饰装修面积。

b.定额项目分析法。当工程结算中出现同一部门的两个或两个以上的项目时,要根据该项目所对应的预算定额项目进行核对分析。如果发现有重复,就可以判断是重复项目。

c.难点项目检查法。由于装饰装修工程中有些工程的装饰装修工程量计算复杂、材料单价高,所以在进行工程结算审查时应对这些难点项目进行重点检查,以达到准确计算工程量、正确确定工程造价的目的。

d.重点项目检查法。在整个装饰装修工程中,有少数项目的造价在整个工程造价中占有很大的比例。因此,这些重点项目的计算过程、计算方法、费率取定等内容应作为重点审查的对象。

e.资料分析法。当拟建装饰装修工程可以找到若干个已经完工的类似项目时,就可以用类似工程的技术经济指标进行对比分析。通过技术经济指标进行对比分析可以判断拟建装饰装修工程结算的准确程度。

f.全面审查法。全面审查法是根据施工图、预算定额、费用定额等有关资料重新编制工程结算的方法。这种方法的审查精度高,但花费时间多、技术难度大。

②竣工结算的审查内容。

a.工程量的审查。该项审查工作主要是审查结算中有无工程量的多算、漏算以及工程量的计算是否准确两个方面的内容。

b.定额套用的审查。定额套用审查的内容包括:套用定额中的工程内容与本工程图纸中相应的工程内容及其所计算的工程量项目是否一致;是否有重复套用定额的项目;定额套用中是否有就高不就低的现象;定额套用中的度量单位是否合适。

c.直接费的审查。直接费的审查内容包括:每个分项的直接费计算是否正确;直接费分部小计和工程直接费合计,以及人工费、材料费、机械台班费数据之和是否与直接费总数相符。

d.间接费的审查。间接费的审查内容包括:按照当地间接费计算条例,核对使用时间和使用范围的一致性;核对各项费用的计算顺序是否正确;核对各项费用的计算基础是否正确;审核各项费用所用费率是否正确;审核费用数据计算过程是否正确。

(5)竣工结算的审批支付。

①竣工结算报告及竣工结算资料,应按照规定报送承包人主管部门审定,在合同约定的期限内递交给发包人或其委托的咨询单位审查。

②竣工结算报告和竣工结算资料递交以后,项目经理应按照《项目管理责任书》的承诺,配合企业预算部门,督促发包人及时办理竣工结算手续。企业预算部门应将结算资料送交财务部门,据以进行工程价款的最终结算和收款。发包人应在规定的期限内,支付全部工程结算价款。发包人逾期未支付工程结算价款的,承包人可与发包人协议工程折价或申请人民法院强制执行拍卖,依法在折价或拍卖后收回结算价款。

③工程竣工结算以后,应将工程竣工结算报告及结算资料纳入工程竣工验收档案并移交发包人。

2.建筑装饰装修工程项目竣工决算

建筑装饰装修工程项目竣工决算是以实物量和货币为单位,综合反映建筑装饰装修工程项目的实际造价,核定交付使用财产和固定资产价值的文件,它是建筑装饰装修工程项目的财务总结。

(1)竣工决算书的内容。

竣工决算书由竣工决算报表和竣工情况说明书组成。

①竣工决算报表。包括:竣工工程概况表、竣工财务决算表、交付使用财产总表和交付使用财产明细表。有时,这四种竣工决算报表可以合并为交付使用财产总表和交付使用财产明细表。

②竣工情况说明书。包括:工程概况、设计概算、工程计划的完成情况、各项技术经济指标的完成情况、各项资金的使用情况、工程成本以及工程进行过程中的主要经验、存在问题和解决意见等。

(2)竣工决算的编制程序。

①建设单位和施工单位密切配合,对完成的装饰装修工程项目组织竣工验收,并办理有关手续。

②整理、核对工程价款结算和工程竣工结算等相关资料。

③在实地验收合格的基础上,做出竣工验收报告,填写有关竣工结算表,编制完成竣工结算。

(3)竣工决算的审查。

竣工决算编制完成以后,在建设单位或委托咨询单位自查的基础上,应及时上报主管部门并抄送有关部门进行审查。竣工决算的审查内容一般包括:

①竣工结算的文字说明是否实事求是。

②是否有超计划的工程和无计划的工程。

③设计变更有无设计单位的通知。

④各项支出是否符合规章制度,有无不合理开支。

⑤应收、应付的每笔款项是否全部结清。

⑥应退余料是否清退。

⑦工程有无结余资金和剩余物资,数额是否真实,处理是否符合规定等。

3.竣工结算和竣工决算的区别

竣工结算是竣工决算的主要依据,二者之间的区别见表4.4。

表4.4 竣工结算与竣工决算的区别

名称	编制单位	编制内容	作用
竣工结算	施工单位的财务部门	施工单位承担的装饰装修工程项目的全部费用	为竣工结算提供基础资料;是建设单位和施工单位核对和结算工程价款的依据;最终确定装饰装修工程项目实际工量的依据
竣工决算	建设单位的财务部门	建设单位负担的装饰装修工程项目全过程的费用	反映装饰装修工程项目的建设成果;作为办理闪付验收的依据,是竣工验收的重要组成部分

4.10 案例分析

【背景材料一】

某建设工程项目,项目业主与某装饰装修施工单位签订了该项目中装饰装修工程施工合同。合同中包含两个子项工程,即活动中心地面工程(甲项)和办公大楼地面工程(乙项)。估算工程量,子项甲为3 500 m²,子项乙为4 400 m²。合同工期为4个月。经双方协商,合同单价甲项为200元/m²,乙项为180元/m²。建设工程的施工合同规定如下:

(1)开工前业主应向施工单位支付合同价款20%的预付款。

(2)业主自第一个月起,从施工单位的工程款中按照5%的比例扣留保留金。

(3)当子项工程实际工程量超过估算工程量的10%时,可进行调价,调整系数为0.9。

(4)根据市场情况规定价格调整系数,平均按1.2计算。

(5)监理工程师签发月度付款最低额度为25万元人民币。

(6)预付款在最后两个月扣除,每月扣50%。

施工单位各月实际完成并经监理工程师签证确认的工程量见表4.5。

表4.5 工程量表

月份 完成工程量/m² 子项名称	1	2	3	4
甲	800	1 100	1 100	900
乙	1 000	1 200	1 100	900

【问题】

(1)开工前业主应向施工单位支付的预付款是多少?

(2)每月工程量价款为多少? 监理工程师应签证的工程款是多少? 实际签发的付款凭证金额是多少?

【参考答案】

(1)预付款为$(3\,500 \times 200 + 4\,400 \times 180) \times 20\% = 29.84$(万元)

(2)每月工程量价款、监理工程师应签证的工程款及实际签发的付款凭证金额如下:

①第 1 个月:

工程价款为 $800 \times 200 + 1\,000 \times 180 = 34$(万元)

应签证的工程款为 $34 \times 1.2 \times (1 - 5\%) = 38.76$(万元)

实际签发金额为 38.76 万元

②第 2 个月:

工程价款为 $1\,100 \times 200 + 1\,200 \times 180 = 43.6$(万元)

应签证工程款为 $43.6 \times 1.2 \times (1 - 5\%) = 49.704$(万元)

实际签发金额为 49.704 万元

③第 3 个月:

工程价款为 $1\,100 \times 200 + 1\,100 \times 180 = 41.8$(万元)

应签证工程款为 $41.8 \times 1.2 \times (1 - 5\%) - 29.84 \div 2 = 32.732$(万元)

实际签发金额为 32.732 万元

④第 4 个月:

a. 甲项工程累计完成工程量 $3\,900\ m^2$,大于估算总量 $3\,500\ m^2$ 的 10%。

超过 10% 的工程量为 $3\,900 - 3\,500 \times (1 + 10\%) = 50(m^2)$

其单价应调整为 $200 \times 0.9 = 180(元/m^2)$

故子项甲本月工程价款为 $(900 - 50) \times 200 + 50 \times 180 = 17.9$(万元)

b. 乙项工程累计完成工程量 $4\,200\ m^2$,没有超过估算总量的 10%,故不予调价。

乙项工程价款为 $900 \times 180 = 16.2$(万元)

本月共完成工程价款为 $17.9 + 16.2 = 34.1$(万元)

应签发的工程款为 $34.1 \times 1.2 \times (1 - 5\%) - 29.84 \div 2 = 23.954$(万元)

因本月是最后一个月,虽然 23.954 万元小于 25 万元,但本月实际应签发的付款金额仍为 23.954 万元。

【背景材料二】

某装饰装修公司承包一项大型装饰装修工程任务,按照合同规定,预付款为工程费的 50%,并按月平均支付。施工期间,工程费用不足部分由施工单位垫付,工程竣工后一次性结清。施工单位的垫付能力为 15 万元/月,该工程施工计划和每月所需费用如图 4.6 所示[箭杆上方数字为该工程每月所需工程费用(万元/月),箭杆下方数字为该工程延续时间(月)]。

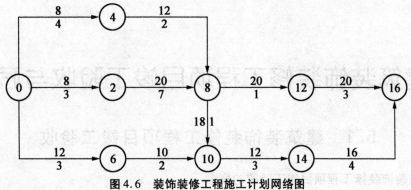

图4.6 装饰装修工程施工计划网络图

【问题】

该工程总工程费用是多少？在不进行资源调整的情况下,最高峰工程费用是多少？发生在几月？

【参考答案】

$8 \times 4 + 12 \times 2 + 8 \times 3 + 20 \times 7 + 12 \times 3 + 10 \times 2 + 18 \times 1 + 20 \times 1 + 20 \times 3 + 12 \times 3 + 16 \times 4 = 474$（万元）

$474 \times 50\% = 237$（万元）

$237 \div 18 = 13.17$（万元）

该工程总工程费用为474万元;预付款为237万元;每月支付预付款为13.17万元。由图4.7的时标网络图可以看出,最高峰工程费用发生在5月,最高值是42万元。

1	2	3	4	5	6	7	8	9	10	11	12	13	14	15	16	17	18

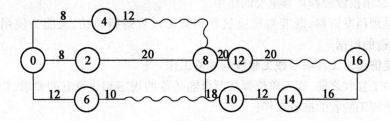

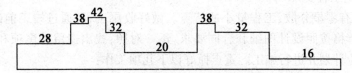

图4.7 时标网络图及资源需要量

5　建筑装饰装修工程项目竣工验收与后评价

5.1　建筑装饰装修工程项目竣工验收

1. 建筑装饰装修工程项目竣工验收的概念

建筑装饰装修工程项目的竣工验收是指施工单位在完成合同规定的全部内容之后,接受有关单位的检验,合格后向建设单位交工的活动。

(1)建筑装饰装修工程项目竣工验收阶段的工程特点。

①大量的施工任务已经完成,小的修补任务却十分零碎。

②主要的人力、物力都已经转移到新的工程项目中去了,只剩下少量的力量进行工程的扫尾和清理工作。

③施工技术指导工作已经不多,但却有大量的资料综合、整理工作要做。

(2)建筑装饰装修工程项目竣工验收工作的意义。

建筑装饰装修工程项目竣工验收是建筑装饰装修工程项目进行的最后一个阶段。竣工验收的完成标志着建筑装饰装修工程项目的完成。建筑装饰装修工程项目竣工验收工作的意义主要有以下几点:

①建筑装饰装修工程项目竣工验收是建筑装饰装修工程项目进行的最后环节,也是保证合同任务顺利完成、提高质量水平的最后一个关口。通往竣工验收,全面综合考虑工程质量,保证交工项目符合设计、标准、规范等规定的质量标准要求。

②做好建筑装饰装修工程项目竣工验收工作可以促进建筑装饰装修工程项目及时发挥投资效益,对总结投资经验具有重要的作用。

③通过整理档案资料,既能对建设过程和施工过程进行总结,又能为使用单位提供使用、维护和改造的根据。

2. 建筑装饰装修工程项目竣工验收的准备工作

在项目竣工验收之前,施工单位要按照合同条款的规定和建设方的要求,积极配合监理单位做好以下竣工验收的准备工作:

(1)完成收尾工程。

收尾工程具有零星分散、工程量小的特点。做好收尾工程,通过竣工前的预检,组织一次彻底的清查,严格按照设计图纸和合同要求,逐一对照,找出遗留的尾项和需要修补的项目,制定收尾作业计划并进行施工。重点抓好以下几项工作:

①检查监督,按照计划完成收尾工作。项目经理部要组织责任工程师和分包方有关人员逐层、逐段、逐部位、逐房间地进行查项、查质量,检查施工中的丢项、漏项和质量缺陷等需修补的问题,安排作业计划,采取"三定"(定人、定量、定时间)措施,并在收尾过程中按期进行检查,确保工程项目按计划完成收尾。

②保护成品和进行封闭。对已经全部完成的部位,要求立即组织清理,保护好成品,根

据可能和需要,按房间和层数锁门封闭,严禁无关人员进入,防止损坏和丢失零部件。特别是高标准、高级装修的建筑工程,每一个房间的装修和设备安装一旦完毕,就要立即严加封闭,甚至派专人逐段加以看管。

③临设拆除和清理回收。要及时、有计划地拆除施工现场的各种临时设施和暂设工程,拆除各种临时管线,全面清理、整理施工现场,有步骤地组织材料、工具及各种物资的回收、退库,向其他施工现场转移和进行处理工作。

④组织竣工清理。建筑装饰装修工程项目竣工标准有明确要求,要做到交工时"窗明、地净、水通、灯亮,达到使用功能"。因此,在竣工验收的准备阶段要组织一次大规模的竣工前清理工作。重点清理门窗、地面、踢脚、灯饰及开关、露明管线及阀件、卫生间卫生器具及墙体面层、排除渗漏和疏通排水等。

(2)竣工验收资料的准备。

竣工验收资料和文件是工程项目竣工验收的重要依据,从施工开始就应设专职人员完整地积累和保管,竣工验收时应编目建档。

①组织整理工程资料。工程档案是项目的永久性技术文件,是建设单位生产(使用)、维修、改造、扩建的重要依据,也是对项目进行复查的依据。在施工项目竣工以后,项目经理必须按照规定向建设单位移交档案资料。因此,项目经理部的技术部门自承包合同签订之后,就必须派专人负责收集、整理和管理这些档案资料,不得丢失。

②准备验收移交文书。资料管理人员应及时准备好工程竣工通知书、工程竣工报告、工程竣工验收证明书、工程档案资料移交清单、工程保修证书等书面文件。

③组织编制竣工结算。施工企业和项目经理部应组织以预算人员为主,生产、管理、技术、财务、材料、劳资等人员参加或提供资料,编制竣工结算表。

④系统整理质量评定资料。严格按照工程质量检查评定资料管理的要求,系统归类、整理、准备工程检查评定资料。内容主要包括:分项工程质量检验评定、分部工程质量检验评定、单位工程质量检验评定、隐蔽工程验收记录,为技术档案资料移交做准备。

(3)竣工验收的预验收。

施工单位竣工预验是指工程项目完工以后要求监理工程师验收之前,由施工单位自行组织的内部模拟验收。

预验工作一般可根据工程的重要程度及工程情况,分层次进行。通常分为三个层次,即基层施工单位自验、项目经理组织自验和公司级预验。

竣工验收的预验收是初步确定工程质量、避免竣工进程拖延、保证项目顺利投产使用的必不可少的工作。通过组织分级的预验收,层层把关,及时发现遗留问题,事先予以及时返修、补修,为组织正式验收做好全面、充分的准备,力争一次验收通过。竣工预验收属于施工单位自行组织的预先验收,一般应遵守以下规定:

①预验收的标准。自验的标准应与正式验收相同。主要依据是:国家(或地方政府主管部门)规定的竣工标准;工程完成情况是否符合施工图纸和设计的使用要求;工程质量是否符合国家和地方政府规定的质量标准和要求;工程是否达到合同规定的要求和标准等。

②参加预验的人员。自验的参加人员,应由项目经理组织,生产、技术、质量、合同、预算人员以及有关的施工工长、责任工程师等共同参加。

③预验收的方式。自验的方式应分层、分段、分房间地由上述人员按照自己主管的内容

逐一进行检查,在检查中要做好记录。对不符合要求的部位及项目,需要确定修补措施和标准,并指定专人负责,定期修理完毕。

④报请上级复验。在项目基层施工管理单位自我验查并对查出的问题全部修补完毕的基础上,项目经理应提请公司上级进行复验。通过复验,要解决全部遗留问题,为正式验收做好充分的准备。

(4)竣工验收的依据。

①上级主管部门关于工程竣工的文件和规定。

②工程承包合同。

③工程设计文件。

④国家和地方现行建筑装饰装修施工技术验收标准和规范。

⑤施工承包单位需提供的有关施工质量保证文件和技术资料等。

(5)竣工验收的管理程序。

竣工验收的交工主体是承包人,验收主体是发包人。竣工验收应由建设方或建设方代表(监理单位)组织,施工企业和现场项目经理部积极配合进行。竣工验收管理程序如图5.1所示。

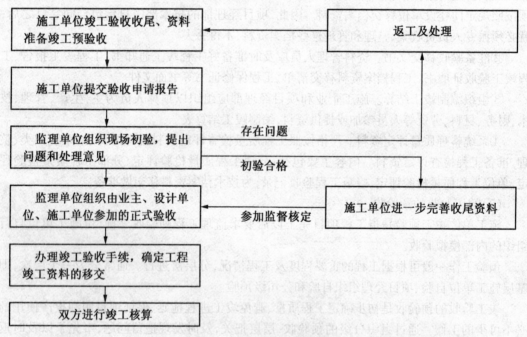

图 5.1　竣工验收管理程序

3.建筑装饰装修工程项目竣工验收的实施

(1)施工单位提交验收申请报告。

施工单位决定正式提请验收后应向监理单位正式提交验收申请报告,监理工程师收到验收申请报告后应参照工程合同的要求、验收标准等进行仔细的审查。

(2)根据申请报告做现场初验。

监理工程师审查完验收申请报告以后,如果认为可以进行验收,则应由监理人员组成验收班子对竣工的工程项目进行初验。对于初验发现的质量问题,应及时以书面通知或以备忘录的形式告知施工单位,并令其按照有关的质量要求进行修理,甚至返工。

(3)组织正式验收。

竣工验收一般分为单项工程验收和全部验收两个阶段进行。验收的程序一般如下:

①参加工程项目竣工验收的各方对已竣工的工程进行目测检查,同时逐一检查工程资料所列的内容是否齐备和完整。

②举行各方参加的现场验收会议。通常分为以下几个步骤:

a.项目经理介绍工程施工情况、自检情况以及竣工情况,出示竣工资料(竣工图和各项原始资料及记录)。

b.监理工程师通报工程监理中的主要内容,发表竣工验收的意见。

c.业主根据在竣工项目目测中发现的问题,按照合同规定对施工单位提出限期处理的意见。

d.暂时休会。由质检部门会同业主及监理工程师讨论工程正式验收是否合格。

e.复会。由监理工程师宣布验收结果,质监站人员宣布工程项目质量等级。

③办理竣工验收签证书。竣工验收签证书必须具有三方的签字才能生效。

4.建筑装饰装修工程项目竣工验收资料

(1)竣工验收资料的内容。

①工程项目开工报告。

②工程项目竣工报告。

③分项、分部工程和单位工程技术人员名单。

④图纸会审和设计交底记录。

⑤设计变更通知单。

⑥技术变更核实单。

⑦工程质量事故发生后调查和处理资料。

⑧水准点位置、定位测量记录、沉降及位移观测记录。

⑨材料、设备、构件的质量合格证明资料。

⑩试验、检验报告。

⑪隐蔽验收记录及施工日志。

⑫竣工图。

⑬质量检验评定资料。

⑭工程竣工验收及资料。

(2)竣工验收资料的审核。

①材料、设备构件的质量合格证明材料。

②试验检验资料。

③核查隐蔽工程记录及施工记录。

④审查竣工图。

(3)竣工验收资料的签证。

由监理工程师审查完承包单位提交的竣工资料之后,认为符合工程合同及有关规定,且准确、完整、真实时,便可签证同意竣工验收的意见。

工程项目经竣工验收合格以后,便可办理工程交接手续,即将工程项目的所有权移交给建设单位。交接手续应及时办理,以便使项目能够早日投产使用,充分发挥投资效益。在办理工程项目交接之前,施工单位要编制竣工结算书,以此向建设单位结算最终拨付的工程价款。竣工结算书必须通过监理工程师审核、确认并签证以后,才能通知建设银行与施工单位办理工程价款的拨付手续。

竣工结算书的审核是以工程承包合同、竣工验收单、施工图纸、设计变更通知书、施工变更记录、现行建筑安装工程预算定额、材料预算价格、取费标准等为依据的,分别对各单位工程的工程量、套用定额、单价、取费标准及费用等进行核对,搞清有无多算、错算,与工程实际是否相符,所增减的预算费用有无根据、是否合法。

在工程项目交接时,还应将成套的工程技术资料进行分类整理,编目建档后移交给建设单位。同时,施工单位还应将施工中所占用的房屋设施进行维修清理,打扫干净,连同房门钥匙全部予以移交。

5.2　用户服务管理

1. 工程保修

《建设工程质量管理条例》第三十九条明确规定,建设工程实行质量保修制度。建设工程承包单位在向建设单位提交工程竣工验收报告时,应当向建设单位出具质量保修书。质量保修书中应当明确建设工程的保修范围、保修期限和保修责任等。

工程保修是指建设工程自办理交工验收手续之后,在规定的期限内,因勘察、设计、施工、材料等原因而造成的质量缺陷,应当由施工单位负责维修。这里所说的质量缺陷,是指工程不符合国家或行业现行的有关技术标准、设计文件以及合同中对质量的要求。

(1)工程保修范围。

工程保修的范围一般应包括以下几个方面:

①屋面、地下室、外墙、阳台、厕所、浴室以及厨房、厕浴间等处渗水、漏水等。

②各种通水管道(包括自来水、热水、空调供排水、污水、雨水等)漏水、各种气体管道漏气以及通气孔和烟道不通。

③水泥地面有较大面积的空鼓、裂缝或起砂,墙料面层、墙地面大面积空鼓、开裂或脱落。

④内墙抹灰有较大面积的起泡,甚至空鼓脱落或墙面浆活起碱脱皮;外墙装饰面层自动脱落。

⑤暖气管线安装不良,局部不热,管线接口处及卫生洁具瓷活接口处不严而造成漏水。

⑥其他由于施工不良而造成的无法使用或使用功能不能正常发挥的工程部位。

⑦建设方特殊要求施工方必须保修的范围。

(2)工程保修期限。

《建设工程质量管理条例》第四十条明确规定,在正常使用条件下,建设工程的最低保修期限如下:

①基础设施工程、房屋建筑的地基基础工程和主体结构工程,为设计文件规定的该工程合理使用年限。

②屋面防水工程以及有防水要求的卫生间、房间和外墙面的防渗漏,为5年。

③供热与供冷系统,为2个采暖期、供冷期。

④电气管线、给排水管道、设备安装和装修工程,为2年。

其他项目的保修期限由发包方与承包方约定。建设工程保修期,自竣工验收合格之日起计算。

(3)工程保修做法。

①签订《建筑安装工程保修书》。在工程竣工验收的同时,由施工单位与建设单位按照合同约定签订《建筑安装工程保修书》,明确承包的建设工程的保修范围、保修期限、保修责任等。保修书目前虽无统一规定,但建设部最新版施工承包合同示范文本中附有的保修书范本可供参考。一般主要内容应包括:工程概况、房屋使用管理要求、保修范围和内容、保修时间、保修说明、保修情况记录。此外,保修书还需注明保修单位(即施工单位)的名称、详细地址、电话、联系接待部门(如科室)和联系人,以便于建设单位联系。

②要求检修和修理。在保修期内,建设单位或用户发现房屋使用功能不良,并且是由于施工质量而影响使用者,一般使用人可按照《工程质量修理通知书》的正式文件通知承包人进行保修。小问题可以口头或电话方式通知施工单位的有关保修部门,并说明情况,要求派人前往检查和修复。施工单位必须尽快派人前往检查并会同建设单位做出鉴定,提出修理方案,并尽快组织人力、物力进行修理。《工程质量修理通知书》的格式见表5.1所示。

表5.1　工程质量修理通知书

质量问及部位:			
承修单位验收:			
	年	月	日
使用单位(用户)意见:			
使用单位(用户)地址:			
电话:			
联系人:			
	通知书发出日期:　　年	月	日

③修理的验收。施工单位将发生问题的部位在项目修理完毕以后,在保修书的"保修记录"栏内据实记录,并经建设单位或用户验收并签认,以确认修理工作完结,达到质量标准和使用功能要求。保修期限以内的全部修理工作记录在保修期满后应及时请建设单位或用户认证签字。

④经济责任的处理。由于建筑工程的情况比较复杂,不像其他商品一样单一性强,有些需要保修的项目往往是由于多种原因造成的。因此,在经济责任的处理上,必须依据修理项目的性质、内容并要结合检查修理各种原因的实际情况,由建设单位和施工单位共同商定经济处理办法,一般有以下几种:

a.保修的项目确属由于施工单位的施工责任而造成的,或遗留的隐患和未消除的质量通病,则由施工单位承担全部的保修费用。

b.保修的项目是由于建设单位和施工单位双方的责任而造成的,双方应实事求是共同商定各自应承担的修理费用。

c.保修的项目是由于建设单位的设备、材料、成品、半成品等质量不好等原因造成的,则应由建设单位承担全部修理费用。施工单位应积极满足建设单位的要求。

　　d. 保修的项目是属于建设单位另行分包的或使用不当而造成的问题,虽不属于保修范围,但施工单位应本着为用户服务的宗旨,在可能的条件下给予有偿服务。

　　e. 涉外工程的保修问题,除了要按照上述办理修理以外,还应依照原合同条款的有关规定执行。

2. 工程回访

　　工程回访是建筑业施工企业"为人民服务,对用户负责"坚持多年形成的行之有效的管理制度之一。目前,在激烈的市场竞争中,管理先进的建筑施工企业不仅持之以恒,而且将原保修责任期的服务工作进一步扩大,并不断发展、提高,为其注入了新的内涵。

　　(1)工程回访的方式。

　　工程回访一般有以下四种方式:

　　①季节性回访。大都是雨季回访屋面、墙面、地下室的防水情况和雨水管线的排水情况;夏季回访屋面及有要求的墙和房间的隔热情况以及制冷系统运行及效果等情况;冬季回访锅炉房及采暖系统的运行及效果等情况。发现问题应立即采取有效措施,及时加以解决。

　　②技术性回访。主要了解在工程施工过程中所采用的新材料、新技术、新工艺、新设备等的技术性能和使用后的效果,以及设备安装后的技术状态等。发现问题应及时加以补救和解决,同时也便于总结经验、取得科学依据、不断改进和完善,并为进一步推广创造条件。技术性回访既可定期进行,也可不定期进行。

　　③保修期满前的回访。这种回访一般是在保修期即将届满之前进行回访。既可解决出现的问题,又标志着保修期即将结束,使建设单位注意今后建筑物的维护和使用。

　　④特殊性回访。这种回访是针对某一特殊工程应建设单位和用户的邀请,或施工企业自身的特殊需要进行的专访。对施工企业自己的专访要认真做好记录,并对选定的特殊设备、材料和正确使用方法、操作、维护管理等对建设方做好咨询性技术服务。施工单位应邀专访中,应真诚地为业主和用户提供优质的服务。对一些重点工程实行保修保险的工程,应组织专访。

　　(2)工程回访的方法。

　　应由施工单位的领导组织生产、技术、质量、水电(也可包括合同、预算)等有关方面的人员进行回访,必要时还可邀请科研方面的人员参加。回访时,由建设单位组织座谈会或意见听取会,并实地检查、查看建筑物和设备的运转情况等。回访必须认真,必须解决问题,并应做好回访记录,必要时还应对回访记录进行整理,绝不能把回访当成形式或走过场。

　　(3)工程回访的形式和次数。

　　工程回访的形式有很多种,目前主要采用上门拜访、发信函调查、电话沟通联系、发征求意见书等。

　　工程回访的次数在规定的保修期限内每年不得少于两次,尤其是在冬雨期要重点回访。一般建筑施工企业的主管责任部门每年都对企业全部在保修责任期内的回访工作统筹安排"回访计划",并组织按照计划执行。

3. 工程保修金

　　(1)工程保修金的来源。

　　施工承包方按照国家有关规定和条款约定的保修项目、内容、范围、期限及保修金额和支付办法进行保修并支付保修金。

保修金是由建设发包方掌握的,一般采取按合同价款的一定比率,在建设发包方应付施工承包方工程款内预留。这一比率由双方在协议条款中约定。保修金额一般不超过合同价款的5%。

保修金具有担保性质。如果施工承包方已向建设发包方出具保函或有其他保证的,也可不留保修金。

(2)工程保修金的使用。

保修期间,施工承包方在接到修理通知以后,应及时备料、派人进行修理,否则建设发包方可委托其他单位和人员进行修理。由于施工承包方的原因而造成返修的费用,建设发包方将在预留的保修金内予以扣除,不足部分由施工承包方支付;由于非施工承包方的原因而造成返修的经济支出,应由建设发包方承担。

(3)工程保修金的结算和退还。

工程保修期满以后,应及时结算和退还保修金。采用按合同价款的一定比率,在建设发包方应付施工承包方工程款内预留保修金办法的,建设发包方应在保修期满的 20 d 内进行结算,并将剩余保修金和按协议条款约定利率计算的利息一并退还给施工承包方,不足部分由施工承包方支付。

4.建立用户服务管理新机制

施工企业必须做到施工前为用户着想,施工中对用户负责,竣工后让用户满意,积极搞好三保(保试运、保投产、保使用)和回访保修。很多建筑施工的大中型企业,都在认真贯彻实施这一原则,积极开展"创建用户满意工程和用户满意企业"的活动。在工程管理中进行实践,不断地总结经验,创建新型的管理体制和机制,设立"项目管理部"和"用户服务部",用集约经营和管理的方式,策划和实施企业所有施工项目的用户服务管理工作,并且取得了显著的成效,赢得了建设单位的信任,更大份额地占领了建筑市场。

5.3　建筑装饰装修工程项目后评价

1.建筑装饰装修工程项目后评价概述

建筑装饰装修工程项目后评价是指对已经实施和完成的建筑装饰装修工程项目的目标、执行情况、效益和影响进行系统、客观的分析、检查和总结,以确定目标是否能够实现,检验项目或规划是否合理、有效,并通过可靠、有用的信息资料为未来的决策提供经验和教训。具体来说,后评价是一种活动,它能够从过去的工程项目中评价出结果并吸取教训。

建筑装饰装修工程项目后评价实际上是对整个装饰装修工程项目管理的一个全面回顾和总结。建筑装饰装修工程项目后评价的完成标志着建筑装饰装修工程项目管理全过程的结束。建筑装饰装修工程项目后评价实质上是对工程项目承包人在项目管理工作成果方面的基本考察,而且应该通过这种考察得出实际工作的经验教训。这项工作涉及了建筑装饰装修工程项目管理人员各方面的工作,因此应由建筑装饰装修工程项目的承包人来主持,并由有关业务人员分别组成分析小组,进行综合分析,最终得出必要的结论。

2.建筑装饰装修工程项目后评价的内容

建筑装饰装修工程项目后评价包括建筑装饰装修工程项目的全面分析和单项分析两项

内容。

（1）建筑装饰装修工程项目全面分析。

建筑装饰装修工程项目全面分析是指对建筑装饰装修工程项目实施的各个方面都进行分析，从而综合评价建筑装饰装修工程项目，全面分析建筑装饰装修工程项目的经济效益和管理效率。全面分析的评价指标如图 5.2 所示。图中内容的含义如下：

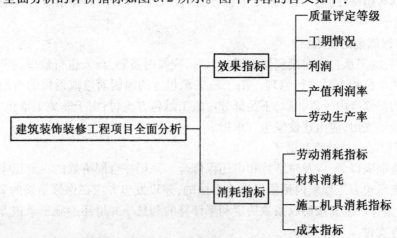

图 5.2　建筑装饰装修工程项目全面分析的评价指标

①质量评定等级是指建筑装饰装修工程的质量等级，可分为合格和优良。

②工期情况是指实际工期与计划工期进行比较提前或拖后的情况。

③利润是指承包价格与实际成本的差值。

④产值利润率是指利润与承包价格的比值。

⑤劳动生产率是指工程承包价格与工程实际耗用工日数的比值。

⑥劳动消耗指标包括单位用工、劳动效率和节约工日。单位用工是指实际用工与装饰装修面积的比值；劳动效率是指预算用工与实际用工的比值；节约工日是指预算工日与实际工日的差值。

⑦材料消耗指标包括材料节约量和材料成本降低率。

$$材料节约量 = 预算材料用量 - 实际材料用量$$

$$材料成本降低率 = （材料承包价格 - 材料实际成本）/材料承包价格 \times 100\%$$

⑧施工机具消耗指标包括施工机具利用率和施工机具成本降低率。

$$施工机具利用率 = 预算台班数/实际台班数 \times 100\%$$

$$施工机具成本降低率 = （施工机具预算成本 - 施工机具实际成本）/施工机具预算成本 \times 100\%$$

⑨成本指标包括成本降低额和成本降低率。

$$成本降低额 = 承包成本 - 实际成本$$

$$成本降低率 = （承包成本 - 实际成本）/承包成本 \times 100\%$$

（2）建筑装饰装修工程项目单项分析。

建筑装饰装修工程项目单项分析是对建筑装饰装修工程项目的某项指标进行解剖性分析，从而找出影响建筑装饰装修工程项目管理好坏的具体原因，提出应该加强和改善的具体内容。

①建筑装饰装修工程项目质量控制分析。以建筑装饰装修工程项目的设计要求和国家规定的质量检验评定标准作为主要依据，建筑装饰装修工程项目质量控制分析的主要内容包括以下几个方面：

a. 工程质量评定等级是否达到了控制目标。

b. 建筑装饰装修工程的质量分析。

c. 重大质量事故的分析。

d. 各个保证工程质量措施的实施是否得力。

e. 工程质量责任制的执行情况。

②建筑装饰装修工程项目进度控制分析。以建筑装饰装修工程项目合同和进度计划作为主要依据,建筑装饰装修工程项目进度控制分析的主要内容包括以下几个方面:

a. 对比分析建筑装饰装修工程项目各个阶段进度计划的实施情况。

b. 分析施工方案是否经济合理,通过实施情况检查施工方案的优缺点。

c. 分析施工方法和各项施工技术措施是否满足施工的需要,尤其是应把重点放在分析和评价工程中的新技术、新工艺,施工难度大或有代表性的施工方面。

d. 分析建筑装饰装修工程项目的均衡施工情况和各参与单位的协作配合情况。

e. 分析劳动组织、工种结构是否合理以及劳动定额达到的水平。

f. 各种施工机具的配合是否合理以及台班的产量情况。

g. 各项安全生产措施的实施情况。

h. 各种材料、半成品、加工订货、预制构件的计划与实际供应的情况。

i. 其他与工期有关工作的分析,包括开工前的准备工作、工序的搭配情况等。

③建筑装饰装修工程项目成本控制分析。以建筑装饰装修工程项目合同、有关成本核算制度和管理办法等作为主要依据,建筑装饰装修工程项目成本控制分析的主要内容包括以下几个方面:

a. 总收入和总支出的对比。

b. 人工成本分析和劳动生产率分析。

c. 材料、物资的消耗水平和管理效果分析。

d. 施工机具的利用和费用收支情况分析。

e. 其他各种费用的收支情况分析。

f. 计划成本和实际成本的比较分析。

④建筑装饰装修工程项目合同管理分析。由于合同管理工作比较偏重于经验,只有不断总结经验,才能不断提高管理水平,培养出高水平的合同管理者。建筑装饰装修工程项目合同管理分析的主要内容包括以下几个方面:

a. 预定的合同战略和合同策略是否准确,是否达到了预期的目标。

b. 招标文件分析和合同风险分析的准确程度。

c. 合同环境调查、实施方案、工程预算以及报价方面的问题及经验教训。

d. 合同谈判的问题及经验教训。

e. 合同签订和执行过程中所遇到的特殊问题及其分析结果。

f. 合同风险控制的利弊得失。

g. 索赔处理和纠纷处理的经验教训。

h. 分析各相关合同在执行中的协调问题。

参考文献

[1] 国家标准.《建设工程项目管理规范》(GB/T 50326—2006)[S].北京:中国建筑工业出版社,2006.

[2] 本书编委会.《建设工程施工合同(示范文本)》(GF—2013—0201)[M].北京:中国建筑工业出版社,2013.

[3] 冯美宇.建筑装饰施工组织与管理[M].武汉:武汉理工大学出版社,2005.

[4] 滕道社,张献梅.建筑装饰装修工程概预算[M].2版.北京:中国水利水电出版社出版社,2012.

[5] 何佰洲.建筑装饰装修工程招投标与合同管理[M].北京:中国建筑工业出版社,2005.

[6] 陈恒超.装修装修工程项目管理[M].北京:中国建材出版社,2002.

[7] 唐菁菁.建筑工程施工项目成本管理[M].2版.北京:机械工业出版社,2009.

[8] 田元福.建设工程项目管理[M].2版.北京:清华大学出版社,2010.

[9] 张寅.装饰工程施工组织与管理[M].北京:中国水利水电出版社,2005.

[10] 陈守兰.建筑装饰施工组织与管理[M].北京:科学出版社,2002.

[11] 韩江.建筑装饰工程项目管理[M].北京:中国建筑工业出版社,2005.